Natural Language Processing Series

自然言語処理シリーズ

語学学習支援のための言語処理

工学博士 奥村 学 監修

博士(工学) 永田 亮 著

コロナ社

刊行のことば

人間の思考，コミュニケーションにおいて不可欠なものである言語を計算機上で扱う自然言語処理という研究分野は，すでに半世紀の歴史を経るに至り，技術的にはかなり成熟するとともに，分野が細かく細分化され，また，処理対象となるものも，新聞以外に論文，特許，WWW 上のテキストなど多岐にわたり，さらに，応用システムもさまざまなものが生まれつつある。そして，自然言語処理は，現在では，WWW の普及とともに，ネットワーク社会の基盤を支える重要な情報技術の一つとなっているといえる。

これまでの自然言語処理に関する専門書は，自然言語処理全般を広く浅く扱う教科書（入門書）以外には，情報検索，テキスト要約などを扱う，わずかの書籍が出版されているだけという状況であった。この現状を鑑みるに，読者は，「実際にいま役に立つ本」，「いまの話題に即した本」を求めているのではないかと推測される。そこで，これまでの自然言語処理に関する専門書では扱われておらず，なおかつ，「いま重要と考えられ，今後もその重要さが変わらない」と考えられるテーマを扱った書籍の出版を企画することになった。

このような背景の下生まれた「自然言語処理」シリーズの構成を以下に示す。

1. 自然言語処理で利用される，統計的手法，機械学習手法などを広く扱う
   近年の自然言語処理は，コーパスに基づき，統計的手法あるいは機械学習手法を用いて，規則なり知識を自動獲得し，それを用いた処理を行うという手法を採用することが一般的になってきている。現状多くの研究者は，他の先端的な研究者の論文などを参考に，それらの統計的手法，機械学習手法に関する知識を得ており，体系的な知識を得る手がかりに欠けている。そこで，そのような統計的，機械学習手法に関する体系的知識を与える専門書が必要と感じている。
2. 情報検索，テキスト要約などと並ぶ，自然言語処理の応用を扱う
   自然言語処理分野も歴史を重ね，技術もある程度成熟し，実際に使えるシステム，技術として世の中に少しずつ流通するようになってきている

ものも出てきている。そのようなシステム，技術として，検索エンジン，要約システムなどがあり，それらに関する書籍も出版されるようになってきている。これらと同様に，近年実用化され，また，注目を集めている技術として，情報抽出，対話システムなどがあり，これらの技術に関する書籍の必要性を感じている。

3. 処理対象が新しい自然言語処理を扱う
自然言語処理の対象とするテキストは，近年多様化し始めており，その中でも，注目を集めているコンテンツに，特許（知的財産），WWW 上のテキストが挙げられる。これらを対象とした自然言語処理は，その処理結果により有用な情報が得られる可能性が高いことから，研究者が加速度的に増加し始めている。しかし，これらのテキストを対象とした自然言語処理は，これまでの自然言語処理と異なる点が多く，これまでの書籍で扱われていない内容が多い。

4. 自然言語処理の要素技術を扱う
形態素解析，構文解析，意味解析，談話解析など，自然言語処理の要素技術については，教科書の中で取り上げられることは多いが，技術が成熟しつつあるにもかかわらず，これまで技術の現状を詳細に説明する専門書が書かれることは少なかった。これらの技術を学びたいと思う研究者は，実際の論文を頼らざるを得なかったというのが現状ではないかと考える。

本シリーズの構成を述べてきたが，この構成は現在の仮のものであることを最後に付記しておきたい。今後これらの候補も含め，新たな書籍が本シリーズに加わり，本シリーズがさらに充実したものとなることを祈っている。

本シリーズは，その分野の第一人者の方々に各書籍の執筆をご快諾願えたことで，成功への最初の一歩を踏み出せたのではないかと思っている。シリーズの書籍が，読者がその分野での研究を始める上で役に立ち，また，実際のシステム開発の上で参考になるとしたら，この企画を始めたものとして望外の幸せである。最後に，このような画期的な企画にご賛同下さり，実現に向けた労をとって下さったコロナ社の各氏に感謝したい。

2013 年 12 月

監修者　奥 村　　学

まえがき

言語処理の最終目標は，人間の言語を理解し，人間の言葉を話すコンピュータを実現することにある。ざっくりと言い換えれば，人間の言語をコンピュータに学ばせるための方法を探求している。その結果，自動翻訳や文書要約などの技術が実現される。

本書が対象としているのは，語学学習支援のための言語処理である。すなわち，言語処理を用いて人間が言語を学習するのを支援しようという分野である。コンピュータが言語を学習するための言語処理は，少し考えただけでも，語学学習支援と相性がよさそうである。実際，言語処理と語学学習支援は相性がよく，さまざまな研究・開発がなされている。

一方で，一見相性がよさそうな両者であるが，気を付けないといけない落し穴がいくつもある。場合によっては，相性が悪い部分もある。また，言語処理の他の分野とはいろいろな点で異なる部分が多いため，すでに言語処理の経験があると，逆に妨げになる場合もある。この部分が語学学習支援のための言語処理の難しさであり，面白さでもある。

本書で伝えたいのは正にこの点である。本書では，語学学習支援のための言語処理における難しさを紹介し，その解決法をできるだけわかりやすく説明することを試みた。また，語学学習支援のための言語処理において重要であるが，あまり知られていない情報やティップスを紹介することにも努めた。

今後，言語処理が語学学習支援に大きく貢献すること，また，その成果が実用化され社会に役に立つことを期待している。本書がその一助を担うことができれば幸いである。

本書を著すにあたり，多くの方々にお世話になった。東京工業大学の奥村学先生には，本書を監修していただくと共に，本書への助言をいただいた。首都大学東京の小町守先生には，本書の構成，内容，章末問題などについて多くの助言をいただいた。また，東京工業大学の高村大也先生と東京大学の川崎義史先生に原稿のチェックをお願いし，両先生から多くの改善案をいただいた。コロナ社様には，本書の刊行のためにたいへんなご尽力をいただいた。これらの方々に改めてお礼を申し上げたい。最後に，裕福でない家庭環境にもかかわらず博士課程まで進学させてくれた両親に感謝したい。

2017 年 9 月

永田　亮

目　　次

1. イントロダクション

2. 処理の対象となるデータ

3. 語学学習支援のための言語処理を支える要素技術

4. ライティング学習支援

5.　リーディング学習支援

6.　教材作成支援

7.　学習者の能力/特徴の分析

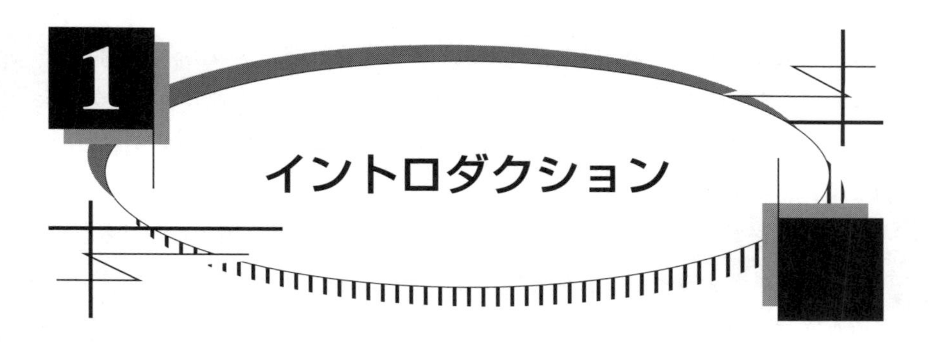

1 イントロダクション

語学学習支援のための言語処理と聞いて，読者の方々はどのようなことを思い浮かべるであろう。本書を読み進めていけば自然と感じとれると思うが，語学学習支援のための言語処理は，他の言語処理の分野と比べると一風変わったところがある。おかしなたとえかもしれないが，右側通行の外国の道路を運転しているときに，ふと微妙な感覚を覚えることがある。ブレーキもハンドルもある。信号が赤になれば車は止まる。それでも，左折した途端，普段とは異なる風景が広がり，ちょっとした注意を迫られることになる。語学学習支援のための言語処理には，そんなところがある。

本章では，そんな一風変わったところがある語学学習支援のための言語処理を入口からのぞいてみよう。これから進む道筋の大まかな方向性を示し，道中の約束事や気を付けるべき点を述べようと思う。

1.1 語学学習支援の目的

本書を始めるにあたり，語学学習支援の目的を明確にしておこう。後述するように，語学学習支援では，他分野で扱うユーザ支援とは性質や目的が大きく異なる。そのため，語学学習支援の目的を初めに確認しておくことは有益である。

では，語学学習支援の目的とはなんであろう。語学学習の第一義的な目的は言語能力を高めることであろう。そうであれば，語学学習支援の目的は学習者の言語能力を高めるために支援を行うことにある（多くの場合，なんらかの情報を与えることになる）。これを支援対象の観点から大きく分類すると，学習者自身を支援する直接的支援と教育者などを支援する間接的支援の 2 種類がある。

このとき，他の支援と大きく異なるのは前者の直接的支援である。他分野の支援では支援対象にかかる負荷を極力減らすことを目的とする。一方，語学学習における直接的支援では，そのかぎりでない。むしろ，その逆である。なぜなら，適切な負荷なしには学習が行われないからである。このことは一般に，学習支援に当てはまる。

このことをより明確にするために，つぎのような具体的な例を考えてみよう。いま，語学学習支援として，英文誤り訂正を考える。また，他分野の支援として（英文誤り訂正と一見よく似た）英文校閲支援を考える。両者とも，与えられた英文中の誤り箇所を見つけ出し，訂正候補をユーザに与えるという点では似ている。しかしながら，後者の場合，仮に訂正候補の正しさが保証されていれば（すなわち完全な英文校閲支援システムが実現できれば），ユーザは訂正箇所や訂正内容を吟味する必要はなく，英文の訂正は自動的に行ってよい。したがって，ユーザにかかる負荷はゼロである。これが理想的な英文校閲支援である。一方，これでは語学学習の支援とはならない。ユーザ（学習者）が訂正箇所や訂正内容を吟味しなければ，学習が行われないのはある意味自明である。言い換えれば，完全な英文校閲支援システムが実現したとしても，語学学習支援システムとしては不十分である。有効な語学学習支援となるためには，学習者になんらかの認知的負荷をかける必要がある。例えば，訂正箇所だけを提示し，どのように訂正すべきかを学習者に考えさせるなどの工夫が必要となる。このとき，「学習者に考えさせる」という部分が負荷となる†。

語学学習支援のための言語処理を始めたばかりの人が陥りやすい間違いは正にこの点である。よく見かけるのは，技術的に可能なことをすべて実現してしまい，（明示的にではないが）学習者へかかる負荷をすべて取り除くことを目指してしまう研究である。そうではなく，適切な負荷とはなにかをつねに念頭に置くことが大切である。場合によっては，技術的には支援可能でも，あえて支援しないという選択も必要になるかもしれない。逆に，本質的でない負荷は極

† ただし，これが「適切な」負荷かどうかは，また別の問題であり，慎重に検討する必要がある。ここで伝えたいのは，少なくとも負荷がかからなければ学習は行われない，ということである。

力減らすべきである。例えば，教材が整理されておらず，学習者が自分の能力に適したものを探すのに手間取るというのは，本質的な負荷ではないので取り除くべきであろう。

一方，間接的支援の場合，他分野の支援と同様にユーザ（例えば語学教師）の負荷を減らすことが目的となる。そのため，他分野の支援の考え方が基本的に適用可能である。ただし，2章で述べるように，語学学習支援で取り扱うデータは特殊である場合があるので，注意が必要である。

1.2　本書の目的と読者対象

本書の目的は大きく二つある。一つ目は，語学学習支援のための言語処理をこれから始める人向けに，必要となる知識や技術をわかりやすく解説することにある。そのような読者にとって本書がよい出発点となるよう心がけた。二つ目の目的は，関連する分野の人達に，語学学習支援のための言語処理の大まかな全体像を示すことにある。ここで関連する分野とは，言語処理だけではなく，語学教育，言語学，教育工学なども含む。

一つ目の目的を念頭において，本書は，言語処理の基礎的な事項の解説から始める。まず，語学学習支援で処理の対象となるデータについて詳細な議論を行う。つぎに，言語処理の要素技術のうち特に関連が深いものを導入する。これらの部分を読むことで，言語処理に馴染（なじ）みのない読者でも本書が理解できるような構成とした。ただし，基礎的な事項とはいっても，膨大な知見があり本書ですべてをカバーすることは不可能であるので，ごく入門的な内容のみを紹介する。本書でカバーできなかった内容については関連する良書を紹介するにとどめる。その中でも，「自然言語処理の基礎」[133]と「言語処理のための機械学習入門」[168]は，本書を読み進める上で大きな助けになると思うので，適宜参照されたい。

第一の目的に関する読者対象は，情報科学に関連した学部学科の大学3年生以上の人達である。ただし，上述のとおり，言語処理の知識を前提とはしない。

必要となるのは，情報科学と数学（線形代数，微分積分，確率）のごく基礎的な知識である（数学については，高校までの知識で大部分を理解できる）[†1]。

言語処理の基本事項を説明した後には，語学学習支援のための言語処理における代表的なタスク[†2]を取り上げ，標準的な解法を解説する。その際には，語学学習支援のための言語処理とその他の言語処理における差異に注意し，語学学習支援に特有な問題をいかにうまく解決するかの説明に重点を置いた。両者の差異は，主に，語学学習支援の取り扱うデータの特殊性に起因する。例えば，非母語話者が算出する言語は，母語話者の言語とは異なる（典型例として，文法誤りがある）。そのため，通常の言語処理では想定しない言語現象に対処しなくてはならない。また，母語話者が作成する文書でも，例えば教科書などでは，学習者向けに語彙や文法項目が制限されていることがあり，通常の言語処理で想定する言語データとは性質が異なる場合もある。

二つ目の目的については，現状の言語処理技術で語学学習支援としてなにがどこまでできるのかを解説する。単に手法やアルゴリズムの性能を示すだけではなく，各タスクでできることがイメージしやすいよう，具体例を多く取り入れた。また，実用システムについてもできるだけ多く取り上げるようにした。これらの情報は，実際に語学学習支援システムの開発や学習者コーパスの分析を行う人に有益であろう。この部分については，情報科学と数学の知識を前提としない。

第二の目的に関する読者対象は，第一の目的における読者対象に加えて，語学学習に関係する分野の人達も含まれる。例えば，第二言語習得の研究者や語学教師が，実践，データ収集，データ分析を行う際に有益と思われる情報を取り入れている。

---

†1　情報科学と数学の知識がなくとも読めるよう極力簡潔にした。

†2　ここで，タスクとは解くべき問題，課題というような意味である。例えば，学習者の書いた英文中の誤りを計算機で見つけ出すという問題（誤り検出）は，語学学習支援のための言語処理のタスクの一つである。

1.3　本書の構成と読み方

本書の構成は，**図 1.1** に示すように，基礎，学習者支援，教師支援の三部に大きく分かれる。基礎では，まず，処理の対象となるデータを概観する。その後，文分割，形態素解析，構文解析など言語処理の要素技術を導入する。また，語学学習支援を対象とした場合，各要素技術においてどのような問題を考慮する必要があるかも説明する。つづいて，学習者支援と教師支援では，関連したタスクを章ごとにまとめた。基本的に，一つの節または項で一つのタスクを取り上げ，詳細に解説する。

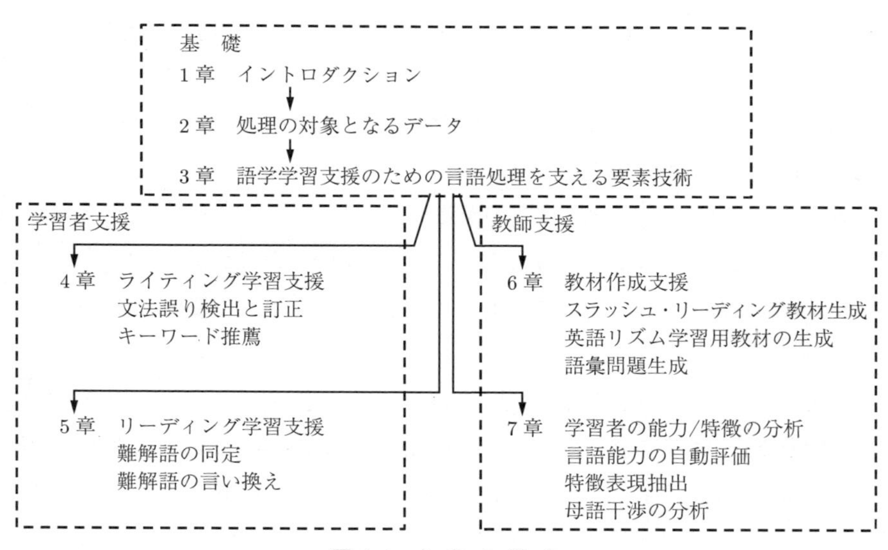

図 1.1　本 書 の 構 成

本書は，基礎，学習者支援，教師支援の順に通読することを念頭においているが，図 1.1 に示すとおり，必要な箇所だけを選択して読み進められるようにもなっている。例えば，基礎を読んだ後に，学習者支援を飛ばして教師支援を読むこともできる。同様に，基礎の後に，興味のある章もしくは節を読み進めていくことも可能である。また，言語処理の知識がある読者は，学習者支援または教師支援から始めてもよい。上述のどの読み方をしても，問題なく読み進められるよう工夫したつもりである。ただし，基礎では，言語処理の要素技術だけでなく，語学学習支援のための言語処理に特有な問題も取り上げたため，一度は目を通しておくことをすすめる。

基本的に，各節/各項は

(1)　タスク概要（目的，なにを対象とするのか）
(2)　性能と実例（どこまでできるのか）
(3)　理論と技術（どのように実現するか）
(4)　実際的な情報（あれば，ティップスや注意点などを紹介）
(5)　発展的内容と残された問題

という流れで進む。これは，読者ごとに必要な情報が異なる可能性を考慮したためである。例えば，研究者やシステム開発者は (1)〜(5) のすべてが必要となるであろう。一方，第二言語習得/外国語習得の研究者や語学教師は，主に，(1)，(2)，(5) が興味の対象となるであろう。

本書では，(1)〜(5) を通じて，わかりやすさを重視することとした。そのため，説明が幾分冗長なところもある。また，数学的な厳密さよりもわかりやすさを重視した部分もある。特に，(1)，(2)，(5) では，数式の使用は避けるようにした。

最後に，本書で使用する用語と表記に関する約束事について述べておきたい。語学学習支援のための言語処理において混乱を招く恐れのある用語がいくつかある。また，数式の表記にも注意を要するものがある。以下では，それらの使用についての約束事を述べて本章を締めくくることにしたい。

本書では，**学習**とは人間の学習を意味することとする。特に断らないかぎり，単に「学習」と表記した場合，人間の学習のことを指し，**機械学習**（machine learning）とは区別する（機械学習を意味する場合には「機械学習」と表記する）。また，機械学習という文脈では「学習」の代わりに「訓練」という用語を使用する。例えば，「分類器の学習」の代わりに「分類器の訓練」と表現する。同様に，「学習データ」の代わりに「訓練データ」を用いる。

機械学習では特徴（attribute）および特徴量（attribute value）という用語が用いられることが多い。しかしながら，本書では，言語処理の慣例に従い，**素性**（feature）および**素性値**（feature value）という用語を用いる（素性と素性値がどのような概念を表すかは文献168）などを参照のこと）。

本書では，**第二言語習得**（second language acquisition）と**語学学習**（language learning）という二つの用語を明確に区別することとする[†1]。第二言語習得とは，対象言語が日常生活で使用されている環境での学習を指すこととする。例えば，アメリカで英語の非母語話者が英語の学習を行う場合がこれに当たる。一方，語学学習とは，対象言語が日常的に使用されていない環境での学習を指すこととする。例えば，日本人が日本の学校で英語を学習する場合である。英語圏で英語を学ぶ場合と日本の教室で英語を学ぶ場合では，必要となる支援が異なることは想像に難くないであろう[†2]。

本書は，基本的に，語学学習の支援を対象としている（一部，母語の学習を取り扱う部分もある）。また，対象とする言語は主に英語と日本語である。特に，日本語を母語とする人が英語を学習する場合を想定する。これは，本書の読者に最も馴染みが深いと思われる二つの言語を選択した結果である。また，両言語とも語学学習のための言語処理で最も研究が進んでいる言語の一つである。

本書での数式の表記方法の基本はつぎのとおりである。文字の使い方としては，x，y，z などを優先的に変数として用いる。また，ベクトルは通常，縦ベクトルを想定し，小文字のアルファベットを太字で表記する（例：$\boldsymbol{x}$）。行列は，大文字のアルファベットを太文字で表記する（例：$\boldsymbol{A}$）。また，確率変数と集合は（太文字でない）大文字のアルファベットで表す（例：X）。確率変数と集合のどちらを表すかが文脈から読み取れないときは，導入の際に明確に言及する。それ以外の表記については，順次，各章で説明していく。

[†1] 語学学習の代わりに外国語学習という言葉が使われることもあるが，本書では前者を用いることにする。

[†2] このことを明示的に区別した言語処理の文献は少ないように思われる。第二言語習得として一括りで扱われることが多い。

章　末　問　題

【１】 他の分野の支援と語学学習支援の違いを説明せよ。

【２】 英語学習の経験において，習得が難しいと感じる/感じた項目を挙げよ。

【３】 英語を学習した際に受けた学習支援のうち，実際に役に立ったものを述べよ。また，役に立たなかったと思われるものも述べよ。なお，言語処理を利用した学習支援でなくともよい。

2 処理の対象となるデータ

フランスには，ソリレス（sot–l'y–laisse）という食材がある。直訳すると「愚か者はそれを残す」という意味であるが，鶏肉の部位の一つでたいへん美味とされる。骨のくぼみの奥に隠れていて見つけにくいために，このような名前がついている。筆者が，フランスはブルゴーニュ地方のボーヌという町を訪れた際にも，ソリレスのワイン煮込みを食す機会に恵まれた。ワイン畑を眺めながらブルゴーニュワインと共にいただくソリレスの味は格別であった。しばらく後に，鶏鍋をつくるため鶏丸々一羽を調理したとき，「ああこれがソリレスか」と感銘を受けたことをよく覚えている。存在も味も知ってはいたけれども，実際自分の手で料理してみると，また違った印象を受けるものである。

さて，本章では，語学学習支援のための言語処理で処理の対象となるデータについて述べる。特に，学習者の産出する言語データについて，本書での重要性を踏まえ詳細に説明する。学習者の言語データをさまざまな角度から眺めると，語学学習支援のための言語処理で必要なことがいろいろと見えてくる。ときには思いもよらぬ発見もある。本章を出発点として，学習者の言語データから，読者それぞれのソリレスを見つけていただけたら幸いである。

2.1 処理の対象となるデータの概要

語学学習支援のための言語処理で，処理対象の中心となるのは（書かれた）言語データである。なかでも，学習者の産出する言語データが代表的かつ特徴的である。例えば，和文英訳（学習者が日本語の文を英語に訳した英作文）を挙げることができる。また，あるトピックに基づいて学習者が自由に記述した文章が処理対象となることも多い。これを，上述の英作文と区別して自由記述作文と呼ぶことがある。また，自由記述作文の代わりに**エッセイ**（essay）という言葉が用いられることもある。これらの言語データを対象とした言語処理の具体例としては，エッセイ中の文法誤りを発見する文法誤り検出や与えられた文章からライティング能力を推定する言語能力の自動評価などがある。

一方，教材（例：教科書），新聞記事，小説など母語話者が産出した言語データも処理の対象となる。また，Web 上の言語データも処理対象に含まれる。母語話者が産出した言語データは，語学学習支援のための言語処理では，知識源として使われることが多い。例えば，英語の教科書や新聞のデータは，英語の正しい用法に関する知識の獲得に用いることができる。また，教材の自動生成にも応用できるであろう。

さらに，各種の辞書も処理対象となることがある（詳細は，2.3 節を参照のこと）。辞書に掲載されている語釈文や例文は，母語話者が産出した言語データとみなすことができる。加えて，品詞，用法などの付加情報も言語処理において有益な知識源である。

文法誤り検出のように，英作文やエッセイなど個々の言語データが処理の対象となることも多いが，複数の言語データをまとめて処理することも多い。大規模な言語データを計算機の力で処理することは，言語処理の得意とするところである。複数の言語データをまとめて集めたものを**コーパス**（corpus，複数形は corpora）と呼ぶ。より正確には，コーパスの定義に量は関係せず，言語データを集めたものをコーパスと呼ぶ。しかしながら，言語処理の分野では，通例，大規模かつ電子化された言語データを指すことが多い。

コーパスにはさまざまな種類がある。例えば，新聞記事から成る新聞コーパスや Web ページを収集した Web コーパスなどがある。また，対訳文のように，文や文書ごとになんらかの対応関係があるものをパラレルコーパスと呼ぶ。特に，対訳関係にあることを明示するために，機械翻訳の分野などでは対訳コーパスという表現も用いられる。ただし，パラレルコーパス自体は，対訳関係にある必要はなく，なんらかの対応関係があればよい。語学学習支援では，学習者が書いた文とそれを訂正した文を集めたパラレルコーパスがよく用いられる。以上の例のように，どのような内容のコーパスであるかを明示するために，「○○コーパス」のように表すこともある。**表 2.1** に代表的なコーパスの例を示す。

表 2.1 代表的なコーパスの例

名　称	サイズ	言　語
Brown Corpus*1	約 100 万語	英　語
British National Corpus（BNC）*2	約 1 億語	英　語
Treebank–3*3	2 499 文書	英　語
American National Corpus（ANC）*4	約 2 千万語	英　語
English Gigaword*5	約 18 億語	英　語
EDR 日本語コーパス*6	約 20 万文	日本語
EDR 英語コーパス*7	約 10 万文	英　語
京都大学テキストコーパス	約 4 万文	日本語
現代日本語書き言葉均衡コーパス*8（BCCWJ）	約 1 億語	日本語

*1 http://www.hit.uib.no/icame/brown/bcm.html
*2 http://www.natcorp.ox.ac.uk/
*3 https://catalog.ldc.upenn.edu/ldc99t42
*4 https://catalog.ldc.upenn.edu/LDC2005T35
*5 https://catalog.ldc.upenn.edu/ldc2003t05
*6 http://www2.nict.go.jp/ipp/EDR/JPN/TG/Doc/EDR_J09a.pdf
*7 http://www2.nict.go.jp/ipp/EDR/JPN/TG/Doc/EDR_J10a.pdf
*8 http://pj.ninjal.ac.jp/corpus_center/bccwj/

学習者が産出した言語データを収集したものを**学習者コーパス**（learner corpus）と呼ぶ。日本語学習者コーパスや日本人英語学習者コーパスのように，内容をさらに特定して表記することもある。前者は日本語のコーパス，後者は英語のコーパスである。学習者コーパスについては，2.2 節で詳しく述べることにする。

コーパスには，さまざまな情報が付与される。例えば，書き手の情報（年齢，性別，母語など），文章構造（タイトル，パラグラフ，文など），言語学的情報（品詞，構文など）などがある。学習者コーパスに特有な情報としては，文法誤りがある。このようにコーパスに情報を付与することを**アノテーション**（annotation）と呼ぶ。アノテーションは，タグと呼ばれる専用の記法を用いて行われることが多い。例えば，前置詞誤りを記述したつぎの文：

We went shopping <prp crr="in">to</prp> the market.

では，タグ <prp crr="in"> と </prp> で "to" を挟んで，前置詞 "to" が誤りであり正しくは "in" であることを示している。このタグは，後述する NICT JLE[63),65)] で用いられているものである。

2.2　学習者コーパス

2.2.1　学習者コーパスの重要性と変遷

学習者コーパスは，語学学習支援のための言語処理において重要な位置づけにある。学習者の脳に内在する言語機能は直接観察できないが，その言語機能から産出された言語現象は観察可能である。言語現象を収集した学習者コーパスは，学習者の言語機能に関する情報を与えるという意味で貴重である。

学習者コーパスは，研究のアイデアを得るための有益な情報源となる。一例として，筆者が携わったあるプロジェクトで，中学生の英文から成る学習者コーパスを扱った際のことを挙げよう。文法誤り検出手法を考案するために，その学習者コーパスの分析を始めたところ，文末のピリオドが頻繁に脱落することが明らかとなった。その結果，文法誤り検出の前に，まずはピリオドの脱落を検出するというタスクに取り組むこととなった。言語処理に従事する人は中学生の英文に触れる機会が少なく，中学生が書く英文がどのようなものか想像するのが難しいのではないだろうか（実際，筆者は，この学習者コーパスを分析するまで，ピリオド脱落という問題が存在することを認識していなかった）。この例のように学習者コーパスは，言語現象の実例を与えるという意味で，研究開発のための強力な情報源となる。

学習者コーパスの重要性はアイデアを与えるだけではない。学習者コーパスには，知識源としての役割もある。ここで知識とは，言語処理で使用する規則や辞書などを指す。例えば，文法誤り検出のための規則や読解支援のための単語辞書などがある。最近の言語処理では，規則や辞書は，コーパスを知識源として自動的に獲得することが多い。特に，確率統計や機械学習の枠組みを用いた手法が主流である（詳細は，文献168) などが詳しい)。

さらに，学習者コーパスには，評価のためのデータという一面もある。新たな手法やシステムを考案した際には，その手法なりシステムなりを評価するためのデータが必要となる。例えば，前述のピリオド脱落検出の場合，検出性能を評価するために，考案した手法を実際に学習者コーパスに適用し，その検出性能を見積もるのはよい方法である。この例のように，学習者コーパスが評価に頻繁に用いられる。ただし，より公平性の高い評価とするため，通常は，知識源として利用するデータと評価のためのデータを別にする。実際には，知識源用のデータと評価用のデータとを別々に収集することは効率的ではないので，収集した言語データの一部を知識源用，残りを評価用とすることが一般的である。この辺りの事情は，一般的な機械学習におけるデータの扱いと同様である（c.f., 訓練データ，評価データ。文献168) も参照のこと)。

さて，ここまで学習者コーパスの重要性を述べてきたが，実は学習者コーパスが豊富に利用可能になってきたのは，ごく最近のことである。最初の大規模かつ計画的に構築された学習者コーパスは，International Corpus of Learner English[45)]（ICLE）といわれており，その構築プロジェクトの立上げは1990年とされる。ICLEは，2002年にversion 1が公開され，現在では2009年に公開されたversion 2[47)] が利用可能である。また，時期を同じくして，Longman Learners' Corpus と Cambridge Learner Corpus も構築されている。残念ながら，これらの学習者コーパスは一部のデータを除いて利用に制限がある。これ以降，さまざまな学習者コーパスが作成，公開されるようになった。**表 2.2** に代表的な英語学習者コーパスのリストを示す。また，**表 2.3** に代表的な日本語学習者コーパスのリストを示す。これらの表から，現在ではさまざまな学習者コーパスが利用できることがわかる。また，2013年には，Learner Corpus Association[†]が発足し，世界中の学習者コーパスに関する情報を提供している。Learner Corpus Association

---

† `http://www.learnercorpusassociation.org/about/`

表 **2.2**　代表的な英語学習者コーパス

名　　称	文法誤り情　報	サ イ ズ	データの一般公開
Cambridge Learner Corpus*1	○	約 3 千万語	×
ETS Corpus of Non–Native Written English*2	×	約 3 万語	○
HKUST Corpus*3	○	約 3 千万語	×
ICLE Corpus*4	○	約 400 万語	○（誤り情報は ×）
ICNALE*5	×	約 120 万語*6	○
JEFLL Corpus*7	×	約 100 万語	△
Konan–JIEM Learner Corpus*8	○	約 3 万語	○
Longman Learners' Corpus*9	○	約 1 千万語	×
NICT JLE Corpus*10	△	約 200 万語	△

*1 http://www.cambridge.org/us/cambridgeenglish/about-cambridge-english/cambridge-english-corpus
*2 https://catalog.ldc.upenn.edu/LDC2014T06
*3 https://catalog.ldc.upenn.edu/LDC2005S15
*4 https://www.uclouvain.be/en-277586.html
*5 http://language.sakura.ne.jp/icnale/
*6 ICNALE には，ICNALE–Spoken と ICNALE–Written があるが，ここでは後者の語数を表している。
*7 https://scn.jkn21.com/~jefll03/jefll_top.html
*8 http://www.gsk.or.jp/catalog/gsk2015-a/
*9 http://www.pearsonlongman.com/dictionaries/corpus/learners.html
*10 https://alaginrc.nict.go.jp/nict_jle/

「文法誤り情報」の欄では，「○」はアノテーションあり，「△」部分的にあり，「×」なしを表す。「データの一般公開」の欄では，「○」は一般公開あり，「△」は部分的に公開，「×」一般公開なしを意味する。

を運営する Centre for English Corpus Linguistics of the Université Louvain の Web サイト†では，網羅的な学習者コーパスのリストが提供されている。このリストを見ると，現在では多種多様な学習者コーパスが存在することがわかる。ただし，学習者コーパスには，書き手の母語，習熟度，年齢などさまざまな観点からバリエーションがあり，必ずしも研究の目的に合致する学習者コーパスが利用可能とはかぎらない。場合によっては，自ら学習者コーパスを構築する必要が生じるかもしれない。

† http://www.uclouvain.be/en-cecl-lcworld.html

表 2.3 代表的な日本語学習者コーパス

名　　称	文法誤り情報	サ イ ズ
日本語学習者会話 DB*1	△	77 220 文（9 人分）
KY コーパス*2	×	232 605 形態素（90 人分）
寺村誤用例集データベース*3	△	4 601 文
なたね*4	○	205 520 文字（192 人分）
日本語学習者作文コーパス*5	○	113 554 語（304 人分）
日本語学習者言語コーパス*6	×	1 756 エッセイ
対訳作文 DB*7	○	676 954 語

*1 https://nknet.ninjal.ac.jp/nknet/ndata/opi/
*2 http://www.opi.jp/shiryo/ky_corp.html
*3 http://teramuradb.ninjal.ac.jp/
*4 https://hinoki-project.org/natane
*5 http://sakubun.jpn.org/
*6 http://cblle.tufs.ac.jp/llc/ja/index.php?menulang=ja
*7 http://contr-db.ninjal.ac.jp/essay_01.html

「文法誤り情報」の欄では，「○」はアノテーションあり，「△」部分的にあり，「×」なしを表す。なお，ここに掲載したコーパスは，すべてデータの一般公開ありである。

学習者コーパスが公開され始めた後も，アノテーションが十分でなく，語学学習のための言語処理という観点からは，必要な情報が入手できないという状態がつづいた。2000 年ごろから，文法誤り検出の研究が盛んになり始めたが，文法誤りが付与された学習者コーパスが一般に公開されておらず，研究者は独自のデータを利用していた。そのため，評価に用いているデータが研究者ごとに異なり，手法間の厳密な比較ができないという問題があった。

ここまで見てきたように，学習者コーパスが質と量という点で充実するためには，それなりの時間を要する。学習者コーパスの構築が難しい理由として，書き手の問題がある。一般のコーパスであれば，書籍や新聞などすでに刊行されたものをコーパスとして利用できるが，書き手が学習者に限られる学習者コーパスでは，この方法の利用は難しい。通常は，書き手を集めることから始まる。その後，実際に作文を行ってもらうことで初めて言語データが入手できる†。別の問題として，著作権がある。学習者が書いた文章の著作権は，基本的にその

† 最近では，語学学習のための SNS があり，そのデータをコーパスとして利用することができる場合もある。

学習者に帰属する。したがって，収集した言語データを学習者コーパスとして公開するためには，著作権に関する諸手続きを行わなければならない。書き手は必ずしも成人でないこともあり（むしろ，中高大学生であることが多い），よりいっそう手続きは複雑となる（未成年である場合，保護者の同意書なども必要となる）。また，学習者特有の言語現象に対応するため，一般のコーパスとは別の学習者コーパス専用のアノテーション方法を開発しなければならない場合もある。

とはいえ，現在ではさまざまな情報が付与された学習者コーパスが公開されている。なかでも，**プロファイル**（profile）と呼ばれる書き手に関する情報は，早くから利用可能であった。プロファイルには，書き手を識別するための ID，年齢，性別，母語，対象言語の習熟度，対象言語の学習期間などが含まれる。プロファイルは，タグを用いてコーパス内に記述されることもあれば，コーパスとは別に提供されることもある。

言語データそのものに関する情報も豊富になりつつある。最も充実しているのは，文法誤りに関するものであろう。文法誤り情報付き英語学習者コーパスとして初期に公開されたものに NICT JLE コーパス[63),65)] がある。同コーパスでは，47 種類のタグを用いて文法誤りの情報が詳細に記述されている。その他，誤り情報付き英語学習コーパスには，CLC FCE Dataset† や Konan–JIEM learner corpus（KJ コーパス）[126)] などがある。

最近では，文法誤り検出/訂正をテーマとしたワークショップや shared task が開催され，そこで使用されたデータが誤り情報付き学習者コーパスとして公開されることもある。そのような学習者コーパスとして代表的なものに，Helping Our Own (HOO) [25)] のデータ（これについては，一部のデータは上述 CLC FCE Dataset の一部である）や The CoNLL–2013 Shared Task on Grammatical Error Correction[129)] の the NUS Corpus of Learner English（NUCLE）がある。日本国内では，筆者が中心になって開催した Error Detection and Cor-

† https://ilexir.co.uk/datasets/index.html

rection Workshop[†1]（EDCW）があり，KJ コーパスの拡充が行われた。

別の言語資源として，学習者が書いた文とそれを訂正した文とをペアにしたパラレルコーパスもある（例：語学学習のための相互添削型 SNS である Lang–8[†2]）。これらのコーパスを利用することで，誤り検出/訂正手法の構築や評価が手軽に行える。ただし，一部のコーパスについては，訂正情報のみが付与されており，誤りの種類は利用できない場合もあるので注意が必要である（その場合，誤りの種類ごとには評価が行えない）。例えば，Lang–8 の場合，学習者が書いたオリジナルの文と訂正文のみが利用できるため，誤りの種類に関する情報を得るためには，なんらかの追加の処理が必要となる。

誤り情報以外にも，文章構造や言語学的情報も利用可能になりつつある。文章構造としては，タイトル，パラグラフ，文などの情報がある。文章構造は，比較的アノテーションが簡単であるため利用可能であることが多い。一方，言語学的情報は，品詞，句，構文など[†3]があるが，文章構造とは異なり，アノテーションが難しい。そのため，言語学的情報を提供する学習者コーパスは非常に限られている。そもそも，アノテーションのための規則を規定したアノテーションガイドライン[†4]を策定することが難しい。筆者が知るかぎり，2015 年の時点で，品詞，句，構文（句構造）が付与された英語学習者コーパスのうち，公開されているものは前述の KJ コーパスのみである。

コーパスアノテーションには，アノテーション方法を規定したガイドラインが必要となる。代表的なものに，品詞や構文情報を英文に付与するためのガイドライン Part–of–Speech Tagging Guidelines for the Penn Treebank project[153)] と Penn Treebank II–style bracketing guidelines[9)] がある（ただし，これらのガイドラインは母語話者の英語向けであり，学習者コーパス用ではない）。ガイドラインにより，タグセットの規定（例えば，誤りの分類と対応するタグの一覧），アノテーションの手順，アノテーションのための規則（例えば，誤りをど

---

†1 https://sites.google.com/site/edcw2012/
†2 http://lang-8.com/
†3 詳細は，3 章を参照のこと。
†4 詳細は，2.2.2 項を参照のこと。

う認定するかの規則など）が決定される。幸い，さまざまなガイドラインがすでに提案されており，一からつくる必要がある場合は少ないであろう。誤り情報の付与のためのアノテーションガイドラインとしては，NICT JLE で規定されているガイドライン[64]が初期のものとして有名である。KJ コーパスで使用されているガイドラインもこのガイドラインを基本としている。また，品詞，構文情報については，文献 26), 27), 39), 76), 116), 117), 126), 140), 141) がある。このように，学習者コーパスに言語学的な情報を付与するための方法論に関しては研究が進みつつあり，近い将来，品詞や構文情報が付与されたさまざまな学習者コーパスが公開されると予想される。ただし，すでに述べたように，学習者コーパスはバリエーションが豊富であるため，既存のガイドラインがそのまま適用できない場合もある。その場合には，（例えば，既存のガイドラインを修正して）新たなガイドラインを策定する必要がある。学習者コーパスやガイドラインの作成方法については，つぎの 2.2.2 項で詳しく説明する。

2.2.2　学習者コーパスの構築

本項では，学習者コーパス構築の概要を述べる（詳細な議論については，文献 58), 149) が詳しい）。学習者コーパスの特徴を知ることは研究開発のよい第一歩である。語学学習支援のための言語処理の研究や開発をこれから始める人は，小規模でも構わないので自ら学習者コーパスを一度作成してみることをすすめる。その過程を通じて，学習者の産出する言語に対する理解が深まり，研究のアイデアも得られることであろう。

学習者コーパス構築の大きな流れはつぎのとおりである：

(1)　計画
(2)　準備
(3)　言語データの収集
(4)　成形
(5)　アノテーション
(6)　評価

(7) 公開

「(1) 計画」では，どのような学習者コーパスを構築するかを検討する。言い換えれば，構築の目的をはっきりとさせ，構築する学習者コーパスの詳細を事前に明らかにする。場合によっては，試験や授業などから，副次的に言語データが得られることもあるが，一から学習者コーパスを作成する際には，その詳細を十分に検討すべきである。計画が十分でないと，せっかく構築した学習者コーパスが，研究の目的に合致せず利用できないということも起こり得る。例えば，キーボード入力を想定するライティング学習支援システム向けにスペルチェッカを開発する場合には，手書きではなくキーボード入力の言語データを収集すべきであろう。一方，学習者の認知的な綴り誤りの傾向を分析するためには手書きのほうが適しているかもしれない。日本語の場合，漢字カナ変換の機能があるため，キーボード入力では，学習者が知らない漢字が産出される可能性もある。このようなことを検討せずに言語データの収集を行うと失敗に陥る可能性が高い。

では，どのようなことを事前に検討すべきであろう。検討すべき事項は実に多岐にわたる。代表的な事項を列挙すると，書き手，コーパスサイズ，データ収集スケジュール，データ収集方法，言語データ以外に収集する情報，アノテーションの種類，アノテーション方法，構築したコーパスを公開するかどうか，などがある。

まず検討すべきは書き手であろう。単に書き手といっても検討すべき事項は多い。例えば，書き手の年齢，性別，母語，対象言語の学習期間，習熟度，留学経験などがある。とはいえ，書き手については，コーパス構築の目的から自然に決まる場合も多い。日本の高校生向けにシステムを開発する場合には，日本の高校生の書いた英文を収集することになるであろう。ただし，収集にかかる制約から，必ずしも目的に完全には合致しない書き手を選ばざるを得ないこともある。先ほどの例であれば，高校生の書いた英文の収集が困難である場合，年代が近い書き手（例えば，大学１年生）とすることもありうるであろう（大学の研究者の場合，高校生より大学生を集めるほうが容易であろう）。

コーパスサイズも考慮の対象となる。研究の目的を達成するためには，どれくらいのサイズのコーパスが必要であるか，あらかじめ見積もるわけである。理想的には，できるだけ大きなサイズのコーパスを構築することが好ましい。一方で，時間やコストなどの制約を受ける。したがって，許された状況と研究や開発の内容を考慮しながらサイズを決定することになる。その際には，歩留まりのことを考えておかないといけない。学習者にお願いして文章を書いてもらう場合，途中で書くことをやめてしまう人もあるであろう。また，文章は得られたものの，トピックに沿っていない，対象とする言語で書かれていないなど，コーパスとして利用できない場合もある。筆者が構築した KJ コーパスの場合，当初の計画では 30 人 × 10 エッセイ（のべ 300 エッセイ）を収集する予定であったが，実際に利用できたのは 233 エッセイであった（これとは別の予備収集では 10 人 × 10 エッセイ（100 エッセイ）の計画に対して，約 50 のエッセイが集まった)。よってこの例では，歩留まり率 50～60%ということになる。

関連して，サイズの定義も重要である。一般に，コーパスサイズの定義はさまざまである。よく利用されるのは語数や文数である。また，書き手の人数，エッセイ数，トピック数もコーパスサイズとすることができる。なにをコーパスサイズとするかは目的依存である。例えば，ライティング回数と学習者の能力との関係を分析する場合には，書き手の人数と一人当りのエッセイ数でサイズを定義するのが妥当であろう。また，構文の種類数を調査する際には，語数よりも文数をコーパスサイズとしたほうがよいかもしれない。ただし，学習者の英文は，母語話者の英文に比べて短くなる傾向があるため，文数のみでサイズを測ると語数が少ないコーパスができ上がる可能性があることにも注意すべきである。

スケジュールをあらかじめ検討しておくことで，データ収集がスムーズに進められる。データ収集が 1 回の場合でも，書き手の募集，予備的収集，本収集などあらかじめ実施スケジュールを決めておくとよい。複数回にわたる場合は，収集回数，収集期間，収集頻度も考慮の対象となる。さらに，1 回の収集にかかるタイムテーブルも事前に決定しておくべき項目である。収集条件を統一するため，少なくとも，1回のライティングの時間を決めておくのが普通である（ただし，時間制限を設けず，書き手に書けるだけ書かせるという選択肢もある）。場合によっては，何語以上，何文以上など分量に制約を課すこともある。また，書き手は外国語でのライティングに慣れていないこともあるため，ライティングの前に，準備時間（なにを書くかを考えさせる時間）を設けるとよい。そうすることにより，よりスムーズにライティングが行われ，収集できるデータ量も増加する傾向にある。具体例として，**表 2.4** に，KJ コーパスの場合に使用したタイムテーブルを示す。KJ コーパスの場合，準備時間を 5 分間とし，紙と鉛筆を与え，書き手になにを書くか事前に考えさせた。また，同コーパスでは，ライティングのための時間 35 分に加え，書き直すための時間 15 分も設けている。

表 2.4　言語データ収集のためのタイムテーブルの例

手　順	時間〔分〕
1. トピックの割当て	–
2. 準備時間	5
3. ライティング時間	35
4. システムによる誤り検出	5
5. 書直し時間	15

収集方法は，得られるデータの特性を決定づける重要な項目である。まず，書き言葉と話し言葉で大きく選択肢が分かれる。書き言葉の場合，さらに手書きであるのかキーボード入力であるのかを決定しなければならない。一方，話し言葉の場合は，録音して言語データを収集することが普通である。収集後，書き起こすことを考慮して，あらかじめ転記のためのガイドラインも検討しておくとよい。また，文体（叙事体/論説体），トピックも決めておく必要があるであろう。さらに，辞書などの補助資料の利用を認めるかどうかも検討事項の一つである。

その他，言語データ以外に収集する情報（学習歴，習熟度，留学経験など），コーパスの公開/非公開，アノテーションについても事前に検討しておくべきである。特に，コーパスを公開する場合，著作権に関する同意書のひな型を事前に作成しておくほうがよいであろう。

「(2) 準備」でも行うことは多い。ここでは，言語データ収集の際に使用する資料やシステムを準備する。例えば，書き手に与える指示はあらかじめ文書にしておいたほうがよいであろう。その他，書き手募集のための案内，著作権に関する同意書も必要かもしれない。また，言語データ収集とコーパス構築のためのガイドラインもこの時点で作成しておくとよい。アノテーションについては，実際のデータを見ないと決められない部分も多いため，データ収集後にも再度検討することになる。さらに，システムを利用して言語データの収集を行う場合には，そのシステムの準備もこの時点で行う。筆者のおすすめは，ブログシステムを利用した言語データの収集である。Web サーバ上にブログシステムを構築し，そのシステム上で文章を書いてもらう方法である。この方法であれば，ネットワークに接続されたコンピュータさえあれば，複数人同時に言語データの収集が行える。また，プロファイルやライティング時間など付随する情報の記録と管理も容易である（ただし，以前に書いた文章がユーザに見えないようにするなどの通常のブログシステムとは若干異なる設定が必要となる）†。

「(3) 言語データの収集」では，実際に言語データの収集を行う。ここまで来ると行うことは少ない（言い換えれば，計画と準備が大切である）。計画に従い，言語データの収集を行うのみである。ただし，不測の事態は起こり得る（例えば，収集のためのシステムがダウンする，言語データが適切に記録されないなど）。このような不測の事態を避けるためにも予備的な収集は行うべきであろう。すなわち，収集規模を縮小して実験的に言語データの収集を行うわけである。ここで得られた情報を基に計画を適宜修正し，本収集を行うことになる。

「(4) 成形」では，収集した言語データを研究や開発に使いやすい形に成形する。まずは，収集したデータを取捨選択することから始まる。計画の段階で設定した条件に適合しないデータはノイズ（英語学習者コーパスにおける全角文字や無意味な文字列など）としてコーパスから除外することになる。また，一つ

† 現在では，筆者は，Web サーバ上で動作する専用の言語データ収集システムを使用している。このシステムは，ブログシステムを発展させたものであり，時間管理，言語解析，誤り検出などが行える。

の文書内に，部分的にノイズが含まれることもある。このようなノイズはコーパスに含めないのが通常であるが，場合によっては必要になることもある。例えば，英文ライティングにおける日本語の使用傾向の調査や学習者の文章中のノイズの自動検出では，ノイズは必要なデータとなる。よって，必要な言語データとノイズの切り分けは慎重に行う必要がある。必要なデータの選定が終われば，言語データの形式を整えて学習者コーパスとする。すべての文書を一つのファイルとする形式もあれば，一つの文書を一つのファイルとする形式もある。どちらの場合も，XML などを用いて，文書の区切りを明示し，書き手の情報を付加することが多い。また，ファイル名からコーパスの概要がわかるようにすることもよく行われる。例えば，ICNALE コーパスでは，一文書一ファイル形式で，ファイル名から，書き手，母語，習熟度，トピックがわかるようになっている。上述の作業に加えて，話し言葉コーパスの場合，音声データからの書き起こし作業も必要となる。

「(5) アノテーション」では，計画の段階で策定したアノテーションガイドラインに基づいて言語データに各種情報を付与する。大抵の場合，計画の段階では想定できなかった言語現象が出現するため，アノテーションガイドラインの改定を適宜行う。アノテーションの誤りを減らすために，アノテーション終了後にチェックを行うことが多い。チェックの回数に応じて，シングルチェック，ダブルチェックなどと呼ぶ。また，同じ目的で，複数人で同じ言語データに対してアノテーションを行う場合もある。アノテーションは，高度に専門的な作業であり時間と労力を要するが，十分に整備されたガイドラインがあれば作業を外注することも可能である[†1]。さらに，アノテーションのための便利なツールも利用可能である。例えば，ChaKi[†2]，Brat[†3]，WebAnno[†4]，品詞タグ付き

[†1] 例えば，株式会社日本システムアプリケーション（`http://www.jsa.co.jp/`）や株式会社アイアール・アルト（`http://www.ir-alt.co.jp/`）では，言語データの収集やアノテーションのサービスを行っている。

[†2] `http://osdn.jp/projects/chaki/`

[†3] `http://brat.nlplab.org/`

[†4] `https://webanno.github.io/webanno/`

コーパス作成支援ツール VisualMorphs[†1]などがある。また，PDF 形式の文章に直接アノテーションができるツール PDFAnno[†2]もある。

アノテーションが終わると，「(6) 評価」を行うことになる。まずはコーパスサイズを評価することになる。当初の想定よりサイズが小さければ，言語データを再収集する。また，アノテーションの正確さの評価として，作業者間の**一致率**（inter–annotator agreement rate）を求めることが多い。すなわち，同一の言語データに対して複数人でアノテーションを行い，作業者間の一致率を求める。単純な一致率の他に，偶然の一致を考慮した指標 κ（カッパ）統計量[†3]もよく用いられる。その際，作業コストを下げるため，コーパス中の一部のデータのみに対して複数人でアノテーションを行うことが多い。なお，一致率に関しては文献 7) が詳しい。

最後に，必要に応じて「(7) 公開」を行う。すでに述べたように，学習者が産出した言語データには著作権があるため，学習者コーパスとして公開するためには著作権に関する同意書などが必要となる。著作権処理が終われば，Web 上などで学習者コーパスを公開することになる。幸いなことに，現在では，コーパス公開を代行してくれるサービスがある。日本国内であれば，言語資源協会 (GSK)[†4]が有名である。また，海外には，Linguistic Data Consortium（LDC）[†5]がある。

2.2.3 学習者コーパスの特徴

学習者コーパスは特徴的である。もう少し正確に表現すると，学習者コーパスは母語話者コーパスと異なる点が多数ある。代表的なものに文法誤りがあるが，その他にも，句読点，綴り，大文字/小文字の使い分け，スタイルにも誤りがある。また，語彙や構文についても，母語話者に比べると制限的であることが多い。

[†1] http://chasen.naist.jp/vm/
[†2] https://github.com/paperai/pdfanno
[†3] κ 尺度や κ 係数と呼ばれることもある。
[†4] http://www.gsk.or.jp/
[†5] https://www.ldc.upenn.edu/

学習者コーパスの特徴的な点を把握することが，語学学習支援のための言語処理の出発点であるといっても過言ではない。残念ながら，文法誤り検出や言語能力自動評価など個々のタスクを扱った論文では，紙面の関係から，すべての特徴的な点が子細に議論されることは少ない。例えば，文法誤り検出に関する文献において，句読点，綴り，大文字/小文字，スタイルに関する誤りをどのように取り扱ったかは議論されないことが多い。しかしながら，手法を考案する際やシステムを開発する際には，当然，上述のような特徴的な点は考慮されなければならない。

以上のことを考慮して，以下では学習者コーパスの特徴的な点を概観してみることにしよう。

〔1〕 句 読 点　句読点の誤りは，脱落誤りが代表的である。すなわち，句/節の切れ目や文末において，句読点記号が脱落している誤りである。日本語であれば，読点“，”と句点“。”，英語であれば，カンマ“,”とピリオド“.”の脱落である。英語の場合，通常，文は大文字から始められるため，文末記号のピリオドが抜けていてもそれほど大きな問題とならないように思えるかもしれない。しかしながら，学習者の英文では大文字/小文字の使い分けに関する誤りも存在するため，句読点の脱落誤りを検出することはそれほど容易ではない。

脱落誤り以外には，句点と読点の使い分けに関する誤りもある。特に，英語においては，ピリオドが使われるべきところでカンマが使われる誤りが見られる。また，通常，句読点としてのカンマ/ピリオドの直後には空白を入れる必要があるが，学習者の英文では，この空白が脱落する誤りも見られる（すなわち，カンマ/ピリオドが，つぎの単語と連結してしまう）。一方で，数値表現などカンマの直後に空白を必要としない場合もあるため，問題をよりいっそう複雑にする。

ここで，句読点に関する誤りを実例で確認しておこう。KJ コーパス（第3版）では，約1200のカンマが出現するが，そのうち11%については直後の文字が空白/改行文字以外である。また，The CoNLL–2014 Shared Task on Grammatical Error Correction[128] で配布された評価用データは文分割されており，その情報に従うと1 312文から成る。しかしながら，筆者が目視で確認したところ，少なくとも21件の文分割誤りが存在した。これは，オリジナルの文数1 312に対して約1.4%になる。このうち19件については，ピリオドが隣接するトークンと統合した誤り（例：“She hit Beliner.So did he.”）に起因する。さらに，ピリオドとカンマに関するトークン同定の誤りについても調査を行ったところ127件を発見した。内訳は，カンマとトークンが誤って統合したケースが89件，同様にピリオドとトークンが誤って統合したケースが38件であった。この件数が多いか少ないかは対象とするタスクに依存するであろうが，少なくとも，標準的に使用されている公開データでさえ，このようなノイズが含まれていることはつねに念頭に置いておくべきである。

3章で述べるように，言語処理において文の認識は最も基礎的な処理の一つである。実際，後続する処理である品詞解析や構文解析，さらにはその先にある文法誤り検出や言語能力自動評価などの語学学習支援における各処理では，一文が処理の単位となることが普通である。言い換えれば，文が正しく認識できなければ，以降の処理における前提が成り立たなくなる。この解決策である句読点誤りの検出/訂正は，3.2.3項で取り扱う。

〔2〕 綴り誤り　　綴り誤りは，学習者コーパスに頻出することが知られている[†1]。Flor and Futagi[38] は，GRE（Graduate Record Examinations[†2]）とTOEFL（Test of English as a Foreign Language[†3]）からなる学習者コーパス（3 000エッセイ，963 428語）では，2.24%の単語に綴り誤りがあると報告している。ここでは単に学習者と表記しているが，厳密には語学学習者以外の書き手も含む。GREでは43%の書き手が英語母語話者である。このことを考慮すると，非母語話者の書いた文章では綴り誤りの割合はより高いものになると予想される。

---

†1　綴り誤りは，母語話者コーパスにも出現しうるが，新聞や小説などの出版物からなるコーパスは，十分に校正されることが普通であるため，綴り誤りの頻度は非常に低いとみなせる。

†2　http://www.ets.org/gre/

†3　http://www.ets.org/toefl

そこで，筆者が独自に確認したところ，KJ コーパスにおける綴り誤り率は3.1%であった。また，別の日本人英語学習者コーパス（中高大学生のエッセイを含む）では2.4%であった。これらの値を参考にすると学習者の英文では，母語話者の英文に比べ，綴り誤り率が高い傾向にあるといえそうである。ただし，ここでの綴り誤りには，ローマ字表記した日本語（ローマ字語），ローマ字表記した日本語で綴り誤りを含むもの（ローマ字語特殊），和製英語なども含む。**表 2.5** に，各コーパスにおける綴り誤りの分布を示す。なお，この綴り誤りに関する情報は文献108) に詳しい。

表 2.5 綴り誤りの分布〔%〕

綴り誤り分類	KJ コーパス	日本人英語学習者コーパス
非単語誤り	54.7	76.1
文脈依存誤り	15.5	5.7
ローマ字語	10.7	5.7
ローマ字語特殊	5.5	1.5
和製英語	4.5	0.4
外国語	3.0	3.2
複数形活用誤り	1.8	1.5
過剰一般化活用誤り	1.4	2.7
活用誤り一般	1.1	0.2
名前綴り誤り	0.9	0.4
代替綴り	0.6	0.7
略語誤り	0.2	0.4
その他	0.1	1.5

また，学習者の綴り誤りは母語の影響を受けるという点で母語話者の場合と異なる。例えば，日本語では/l/と/r/の発音を区別しないため，日本人英語学習者の英文では “l” を “r” と取り違えた綴り誤りがしばしば見られる（例：rucky，lucky の意）。母語の音だけでなく文法も綴りに影響を与えることが知られている。例えば，フランス人英語学習者の英文では，“differents” や “youngs” のように，形容詞に複数を意味する “s” を付加した綴り誤り†が見られる。これは，形容詞と名詞の数が一致するというフランス語文法の影響である（例：“differents

† この種の誤りを綴り誤りとするか文法誤りとするか，研究の立場や目的により意見が分かれるところである。英語の単語として存在しない文字列という定義を採択すれば，綴り誤りとなる。

topics” や “youngs people” など)。

これ以外にも，綴り誤りに関する問題はさまざまである。キーボードの打ち間違い（typing error），編集誤り（editing error），認知誤り（mistake，例：their の意味で there を使用），大文字/小文字の使い分け（例：固有名詞の語頭を小文字で表記），外国語（例：omusubi），造語（例：crowdly）などがある（一般の綴り誤りに関しては文献131) が詳しい）。これらのうちどれを綴り誤りとするかは大いに議論の余地があるが，いずれにせよ語学学習支援のための言語処理に与える影響は大きい。例えば，通常の形態素解析や構文解析では綴り誤りを想定していないため，解析に失敗する可能性が高い。もう少し正確に表現すると，これらの語は**未知語**（unknown word）になる可能性が高い。未知語とは，言語処理システムが内部にもつ辞書に登録されていない語のことである。言い換えれば，言語処理システムが初めて遭遇する語といえる。そのため，未知語は処理の失敗の大きな要因となることが知られている。形態素解析や構文解析に失敗すると，それ以降の処理に失敗する可能性も高まり，最終的に目的とするタスクが想定どおりに解決できないということが起こる。

未知語の問題を実際に観察してみよう。ある日本人英語学習コーパス†では，総語数が 117 270 語，異なり語数が 3 299 語であった。未知語を British National Corpus（BNC）で 10 回以上出現した 7 726 語[92)]以外の語と定義すると，3 299 の異なり語のうち 2 237 語が未知語となった。これは，異なり語数の約 68%に相当する。その要因は，綴り誤り，固有名詞などさまざまであるが，興味深いことに 2 237 の未知語のうち，727 語が日本語の単語をローマ字表記した単語であった（例：omusubi）。この例のように，学習者コーパス，特に初学者の文章では未知語が頻出することに注意する必要がある。

語学学習支援のための言語処理における各種タスクで，綴り誤りの影響を緩和させる方法に，綴り誤りの検出/訂正がある。綴り誤りの検出は，十分にサイズの大きい英単語辞書に基づくことが多い。すなわち，英語単語辞書に掲載さ

† 書き手は中学 2～3 年生である。残念ながら，著作権の関係でこのコーパスは一般には公開されていない。

れていない文字列を綴り誤りとする。一方，綴り誤りの訂正は，**編集距離**（edit distance, Levenshtein distance とも呼ばれる）に基づくものが多い。編集距離は，ある文字列から別の文字を得る際に必要な操作（文字の削除，文字の追加，文字の置換）の最小回数で定義される[†1]。例えば，上の例 “rucky” から “lucky” を得るためには，“r” を “l” に置換すればよいので編集距離 1 となる。編集距離に基づいた綴り誤りの訂正では，綴り誤りのある単語に対して編集距離が最小になる綴りを訂正結果とする。多くの場合，編集距離が最小となる綴りが複数になるため，頻度や音の情報などを併用することが多い。綴り誤り検出/訂正については，文献 131) が詳しい。また，学習者の英文を対象にした綴り誤り検出/訂正手法に，文献 37), 38), 120) などがある。

〔**3**〕 **誤り以外の特徴**　学習者コーパスは，誤り以外にもさまざまな特徴を有する。具体的には，文長，語彙，構文などについて母語話者コーパスと異なる傾向を見せる。

文長は，学習者コーパスでは短くなる傾向にある。特に，初学者の言語データを集めた学習者コーパスではその傾向が強くなる。これは，初学者は，語彙的にも構文的にも言語能力が十分でないためであろう。

実際のコーパスで，文長の傾向を観察してみよう。**図 2.1** は，英語母語話者コーパスおよび日本人英語学習者コーパスにおける平均文長を棒グラフにしたものである[†2]。ここでは，各コーパスにおいて，総語数を文数で割ったものを平均文長とした。総語数は，付録 A.1 に示す方法を用いて求めた。また，グラ

---

†1 この操作の定義には，さまざまなものを用いることができる。例えば，文字の削除と文字の追加のみでも編集距離は定義可能である。その場合，文字の置換は，文字の削除と文字の追加で実現可能であり，一文字の置換は編集距離 2 となる。また，文字の交代（隣り合う二つの文字の入替え）を認める場合もある。

†2 用いたコーパスはつぎのとおりである：KJ–JPN：KJ Learner Corpus（第 4 版）；ETS–JPN：ETS Corpus of Non–Native Written English の development set の日本人英語学習者の英文；ICNALE–NS, ICNALE–JPN：ICNALE（V.2.1）の母語話者コーパスと日本人英語学習者コーパス；ICLE–BNS, ICLE–ANS：LOCNESS の British essays と American argumentative essays；ICLE–JPN：ICLE（V.2）の日本人英語学習者コーパス；NICE–NS, NICE–JPN：NICE（V.2.2.2）の母語話者コーパスと日本人英語学習者コーパス。なお，LOCNESS は母語話者のエッセイコーパスであるが ICLE と一部対応がある。

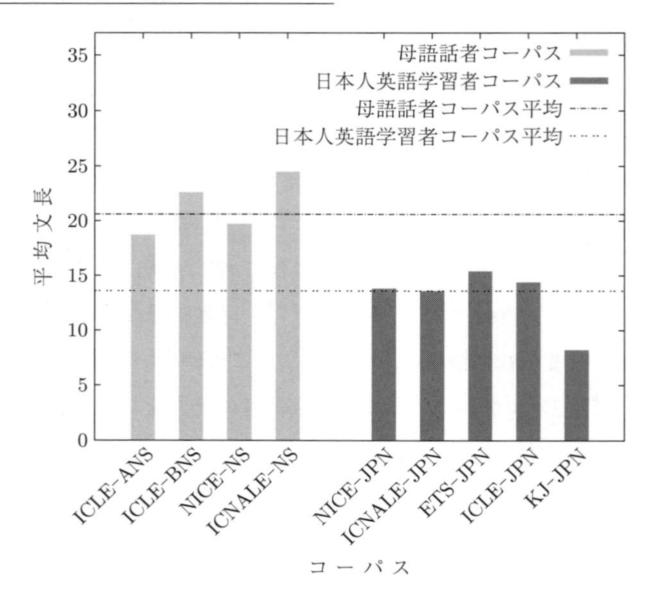

図 2.1　母語話者コーパス/学習者コーパスにおける平均文長の比較

フ中の上の破線は，母語話者コーパス全体の平均文長を表す。同様に，下の破線は，日本人英語学習者コーパス全体の平均文長を表す。

英語母語話者コーパス，日本人英語学習者コーパス，両グループとも平均文長にばらつきはあるが，すべての日本人英語学習者コーパスにおいて英語母語話者コーパスよりも平均文長が短い。特に，ジャンル/トピックが同じである母語話者コーパスと学習者コーパスのペア（ICNALE–NS と ICNALE–JPN，および NICE–NS と NICE–JPN）において，学習者コーパスのほうが平均文長が短いことは興味深い。このデータは，日本人英語学習者の英文では，母語話者に比べて文長が短くなる傾向にあることを示唆する。このため，学習者コーパスは多様な誤りを含むにもかかわらず，母語話者コーパスに比べ構文解析の解析性能が高くなることが知られている（詳細は，3.6.3 項を参照のこと）。

語彙についても，母語話者と異なった傾向を示す。これは上述のとおり，学習者は使用できる語彙が限られていることに起因する。このことを観察するために，総語数と異なり語数の関係を図 **2.2** に示す†。図 2.2 では，横軸が総語数，縦軸が異なり語数を表す。また，黒い四角（■）が母語話者コーパス，黒い丸（●）が日本人英語学習者コーパスに対応する。総語数と異なり語数は，付録 A.1 に示す方法を用いて求めた。

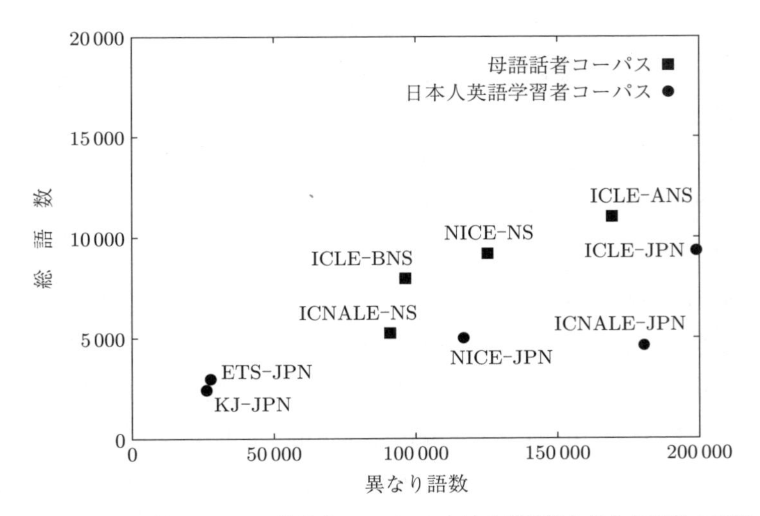

図 2.2　母語話者コーパス/学習者コーパスにおける総語数と異なり語数の関係

総語数と異なり語数の関係は，ジャンルやトピックなどの影響を受けるため，図 2.2 のプロットが母語話者と学習者の語彙力を直接反映しているとはかぎらないが，日本人英語学習者コーパスでは母語話者コーパスに比べて出現する単語の種類が少ない傾向にあることがわかる。特に，平均文長のところで述べたジャンル/トピックが同じである母語話者コーパスと学習者コーパスのペアにおいて，いずれも学習者コーパスのほうが総語数に対して異なり語数が少ないことがわかる。学習者コーパスには綴り誤りが多数含まれることを考慮すると実質の異なり語数はさらに少ないことが予想される。以上のことから，学習者コーパスを対象とした言語処理では，語彙に関する知識は，その種類数という意味では，母語話者コーパスに比べて少なく済むといえる。

† 用いたコーパスは平均文長の際と同一である。

2.3 その他の関連するデータ

語学学習支援のための言語処理では，学習者コーパス以外に一般のコーパスも処理対象となる。一般のコーパスは，母語話者の産出した言語データを収録しているため，対象言語に関する知識を得るのに有益である。また，読解教材や試験問題の生成にも利用できる。その際には，教科書のデータを収集した教科書コーパス[98]や母語話者が書いたエッセイを集めたエッセイコーパスは，ジャンルやスタイルが，語学学習支援で対象とする言語データに類似するため，特に有益である。

その他，各種辞書類も重要な知識源である。単語やフレーズの意味を記述した通常の辞書だけでなく，単語の学習レベルを記述した辞書（例：JACET8000[1]，日本語基本語彙表 JC2[155]），単語の関係（上位，下位，類義など）を記述したシソーラス（例：Roget's Thesaurus of English Words and Phrases[143]，WordNet[35]，日本語語彙大系[55]，EDR 概念体系辞書[66]），用言の用法を記述した格フレーム（例：京都大学格フレーム[72]），慣用表現辞書（例：基本慣用句五種対照表[154]，OpenMWE for Japanese†），固有名詞辞書（例：GSK 地名施設名辞書[42]）など多岐にわたる。

また，各種ログも処理の対象となることがある。ここで，ログとはユーザ（学習者）の行動に関する情報の記録のことを指す。例えば，辞書の検索履歴，文章の閲覧履歴，文章の閲覧時間などがある。ログは，学習者の行動に関する情報を与えるため，言語データと併せて語学能力の推定などに用いられる。最近では，学習者のライティング履歴をログとして残す試みも進められている。草薙ら[84]は，学習者のライティングプロセスを記録，可視化，分析するためのソフトウェア WrtingMaetriX を開発している。WrtingMaetriX では，文字単位で入力文字と入力時間が記録されるため，学習者のライティング動作（キー入力記録情報）が逐一保存されることになる。また，石井ら[57]は，WrtingMaetriX

† http://openmwe.osdn.jp/pukiwiki-j/index.php?Idioms

を用いた学習者コーパスの構築に取り組んでいる。今後，ライティング履歴を含んだデータは，新たな形態の学習者コーパスとして活用が期待される。

2.4　この章のまとめ

本章では，語学学習支援のための言語処理で処理の対象となるデータについて述べた。特に，その重要性を踏まえ，学習者コーパスについて詳細に説明した。学習者コーパスの重要性，構築方法，特徴などを議論した。また，関連するデータとして，一般のコーパス，辞書，各種ログについても紹介した。研究開発を進める上で，どのようなデータがどの程度の量利用可能か把握しておくとよいであろう。また，本章で一部を紹介したが，学習者の産出する言語データの特徴（句読点の誤り，綴り誤り，文法誤りなど）を知っておくことも重要である。

章　末　問　題

【1】 2.2.2 項に示した方法を参考にして，オリジナルの学習者コーパスを作成せよ。

【2】 【1】で作成した学習者コーパスの単語数と文数をプログラムまたは Unix コマンドを用いて数えよ。また，目視で句読点の誤りがないか確認せよ。なお，オリジナルのコーパスがない場合は，The CoNLL–2013 Shared Task on Grammatical Error Correction[129] を用いよ。

【3】 カンマ直後の空白の脱落をプログラムまたは Unix コマンドを用いて数えよ。また，そのプログラムを The CoNLL–2014 Shared Task on Grammatical Error Correction[128] に適用して，2.2.3 項に示される値と比較せよ。

【4】 付録 A.1 に示す方法を【1】で作成した学習者コーパス（または任意のコーパス）に適用して，総語数と異なり語数を求めよ。

【5】 いま，学習者が書いた 10 個の単語からなる文 “$w_0 w_1 \cdots w_9$” があるとする。この文に対して，誤りのアノテーションを二人の作業者で行ったところ，作業者 A は w_1，w_3，w_7 に，作業者 B は w_1，w_7 に誤りがあると判断した（それ以外の単語は正しいとした）。このときのアノテーションの一致率を求めよ。また，κ 統計量を求めよ。

【6】 綴り誤り “tuch” に対して訂正候補 “touch” と “lunch” が与えられたとき，それぞれに対する編集距離を求めよ。ただし，文字の追加，文字の削除，文字の置換を操作として認めることとする。

【7】 綴り誤り “strang” に対して編集距離が 1 となる訂正候補を可能なかぎり挙げよ。ただし，文字の追加，文字の削除，文字の置換を操作として認めることとする。

3 語学学習支援のための言語処理を支える要素技術

語学学習を始めてしばらくすると，外国語で表現された文章についてさまざまなことがわかってくる。例えば，多くのヨーロッパ言語では，学習後，すぐに文が認識できるであろうし，空白で区切られた単語の認識にもそれほど時間を要さないであろう。さらに学習を進めると，品詞や主語，動詞などの構文情報でさえわかるようになる。たとえ，その文の表す意味がわからない場合でもである。

筆者は，語学学習におけるこのフェーズがとても好きである。意味を考えず，与えられた文をひたすら頭の中で機械的に品詞列に置き換えていく。まるで，カラフルなドミノがパタパタと音を立てて倒れていくように。さらに学習が進むと，いままで理解できなかった単語列が有機的に絡み合い，意味をなすかたまりとして頭に入ってくるようになる。こうなると，もう頭の中で小気味よいドミノ倒しを楽しむことはできない。意味を考えず品詞変換を機械的に行うためには，それなりの努力を要する。真に残念である。もう戻らない少年時代の淡い記憶を追い求めるように新たな外国語の学習が始まる。

さて，本章で扱うのは，正に，このような処理である。残念ながら，現状の技術では，コンピュータは人間が理解するように言語を理解することができない。しかしながら，上の例のように，意味を理解せずとも与えられた言語に関するさまざまな情報を得ることは可能である。実際，文の認識（文分割），単語の認識（トークン同定），品詞の特定（品詞解析）については，人間と同等以上の性能が達成されつつある。また，句情報や構文情報もかなりの正確さで得ることができる（句解析と構文解析）。これらの処理で得られる言語に関する情報は，次章以降で紹介する語学学習支援のための言語処理の各タスクで基礎情報として活用される。それでは，各処理を順に見ていくことにしよう。

3.1 概　　要

語学学習支援のための言語処理で使用される要素技術の中で代表的なものに，文分割，トークン同定，形態素解析/品詞解析，句解析，構文解析がある。与えられた言語データに関する基礎的な情報を得る重要な処理である。次章以降で紹介する手法やシステムは，この基礎的な情報を前提としていることが少なくない。そのため，要素技術の性能が語学学習支援のための言語処理全体の性能を大きく左右する場合もある。しかしながら，学習者が書いた文章向けに開発された要素技術は少なく，母語話者向けのものを代替として使うことが多いのが現状である。

これらの要素技術は上述の順で適用されることが普通である。すなわち，与えられた文章を文に分割し，つぎに文中のトークンを同定するという具合である。以降の節でも，この順にこれらの要素技術を説明することにしよう。4章以降とは異なり，本章は，「タスク概要」，「性能と実例」，「学習者の文章を対象にした場合の処理」の三本立てで進めることにする。また，基本的に，英語に対する処理，日本語に対する処理の順で説明することにする。

3.2 文　分　割

3.2.1 タスク概要

文分割とは，与えられた文章を文に分割する処理である。したがって，入力と出力は

- 入力：文章
- 出力：文（または，文の境界の情報）

となる。

文分割は，一見簡単なタスクに見えるが，実は難しいタスクである。なぜなら，**文末記号**（英語ならピリオド，疑問符など，日本語なら句点など文の境界

を表す記号）に**曖昧性**（ambiguity）があるからである。言語処理で曖昧性があるとは，表記が同じでも解釈が複数あることをいう。例えば，“He met Mr. Kaufhous Jr.” にはピリオドが二つあるが，文の境界と省略記号の 2 種類の解釈がある（文の境界であるのは最後のピリオドのみである）。日本語にも「モーニング娘。はこれからも・・・です。」のような例がある。これらの例のように，文末記号には曖昧性があるため，文末記号が真に文の境界を表すかどうかを判定しなければならない。また，コンピュータ入力された文章の場合，文の途中で改行されることも少なくなく，前後の部分と結合して文分割を行う必要もある。

3.2.2 性能と実例

表 3.1 に，母語話者の文章を対象にした文分割の性能を示す[†]。表中の分割率，分割精度，F 値については，4.1.2 項を参照されたい（ただし，4.1.2 項では，それぞれ検出率，検出精度，F 値として表されていることに注意）。

表 3.1　母語話者の文章における文分割性能

手　法	対象コーパス	分割率	分割精度	F 値
	英　語			
文献 78)	Penn Treebank	0.986	0.991	0.989
	Brown Corpus	0.998	0.991	0.994
	日本語			
文献 41)	Web 文書	0.914	0.960	0.935
文献 158)	日本語話し言葉コーパス	0.800	0.897	0.846
文献 164)	京大テキストコーパス	—	—	0.922
	ブ　ロ　グ	—	—	0.756
	Web 文書	—	—	0.775

表 3.1 を見ると，対象とする文章により，大きく性能が変わることがわかる。Brown Corpus のように新聞記事を対象とした場合は F 値で 0.9 を超えている。一方で，話し言葉やブログのように比較的くだけた文章では，F 値が 0.7 台まで低下していることがわかる。文分割は，トークン同定，品詞解析などそれ以降の処理の前段階の処理に位置するため，高い性能で行えることが望まし

† 文献 164) には，F 値のみ報告されているのでここでもそれに従う。

い。では，例えば，F 値 0.989 というのは高い性能であろうか。この影響が大きいか小さいかは目的依存であるが，少なくとも文分割に失敗した文では，品詞解析や構文解析など以降の処理でも正確な情報が得られないことに注意する必要がある。

残念ながら，日英を問わず，学習者の文章に対して文分割の性能を報告した研究は筆者が知るかぎり存在しない。参考として，2.2.3 項で紹介した，筆者が独自に行った調査の結果を再掲すると，The CoNLL–2014 Shared Task on Grammatical Error Correction[128)] で配布された評価用データにおける分割率は 0.984（= 1 321/1 333）である。この値だけで判断すると，母語話者の文章を対象にした場合と遜色（そんしょく）ない。なお，このデータは，NLTK toolkit[11)][†1]により文分割されている。

最後に，文分割の実例（ツール）を紹介しよう。英語の場合，splitta[†2]や Stanford Tokenizer[†3]が文分割機能を提供している。日本語では，TextFormatter[†4]が利用可能である。ただし，いずれの場合も学習者の文章向けに開発されたものではないことに注意する必要がある。また，ツールによっては，商用利用不可または有料というものもある（以降の節のツールも同様である）。特に，英語のツールについてはこの傾向が強い。各ツールの利用条件は各自で確認されたい。

3.2.3 学習者の文章を対象にした処理

学習者の文章は，2.2.3 項で述べたように，種々の誤りを含むため，文分割はよりいっそう難しいタスクとなる。文分割においては文末記号が大きな手掛りとなるが，文末記号の抜けと記号間違え（例：ピリオドをカンマと間違える）のために，母語話者の文章では文末の候補にならない箇所に対しても文末かどうかの判定が必要となる。また，英語においては，大文字/小文字に関する誤りの影響もある。通常，英語の文頭は大文字になるが，学習者の文章ではそのか

[†1] http://www.nltk.org/book/
[†2] https://code.google.com/archive/p/splitta/
[†3] http://nlp.stanford.edu/software/tokenizer.shtml
[†4] https://osdn.jp/projects/chaki/wiki/TextFormatter

ぎりでない。さらに，文中で本来小文字になるべき単語が誤って大文字になるケースもある。したがって，大文字/小文字の情報は，母語話者の文章におけるほど文末に関する情報を与えない。この他，文分割に影響を与える言語現象として，綴り誤り，外国語，未知語がある。

文末記号抜けの検出手法に文献110) がある。同手法は，話し言葉における文（正確には発話セグメント）認識手法[93)] を拡張したものである。具体的には，各トークンの直後が文末であるかどうか，関連する情報（文の長さ，大文字で始まる単語の数，接続詞の数，動詞の数，wh–代名詞の数，節をとる動詞の数，人称代名詞の数など）を素性として表し，分類器[†1 159)]，文献110) ではサポートベクトルマシン（support vector machines，SVMs）を適用して文末記号抜けを検出する。以上が，基本的な考え方である。なお，この手法は，自動的に訓練データを生成するため人手で訓練データを作成する必要がないという利点がある。

表 3.2 に，学習者の英文を対象にした文末記号抜け検出性能を示す。評価データは日本人英語学習者（中学校 2～3 年生）の英文（11 321 文，文末記号抜け 214 箇所）である。

表 3.2　文末記号抜け検出性能

手　法	検出率	検出精度	F 値
文末記号抜け検出手法[110)]	0.808	0.643	0.713
発話セグメント認識手法[93)]	0.868	0.503	0.637

関連した研究として，英語のカンマの誤りを訂正する手法[61)] も紹介しておこう。カンマの誤りには，カンマが必要ない箇所で使用した誤り（カンマの余剰）とカンマが必要なところで使用されていない誤り（カンマの抜け）がある。また，ピリオドとカンマを取り違えた誤り（英語では，comma splices と呼ばれる）も含まれる。この手法は，各トークンの後ろにカンマが来るかどうかを判定する系列ラベリング[†2]として，カンマの誤りを修正する。使用する素性としては，周辺単語列（uni–gram，bi–gram，tri–gram），周辺品詞列（これも，

---

†1　分類器については，文献168) が詳しい。また，本書の 4.1.2 項にも説明がある。
†2　系列ラベリングについては，6.1 節を参照のこと。

uni–gram，bi–gram，tri–gram），単語と品詞の組合せ，文頭の単語と品詞の組合せ，カンマまでの距離，接続詞までの距離を用いている。

本論から少し話が逸(そ)れるが，以降でも度々出てくる ***n*–gram** について，ここで説明しておこう。n–gram とは，隣り合って出現した n 単語のことである。特に，$n = 1$ である n–gram を **uni–gram**，$n = 2$ である n–gram を **bi–gram**，$n = 3$ である n–gram を **tri–gram** と呼ぶ†。また，n–gram の要素は，単語である必要はなく，文字や品詞でもよい。なにを対象とした n–gram か明確にするために，単語 n–gram，文字 n–gram，品詞 n–gram のように表記することもある。例えば，上述のカンマの誤りを訂正する手法では，単語 n–gram と品詞 n–gram を利用している。

話をカンマ誤りの訂正に戻そう。**表 3.3** に，手法[61)] の性能を示す。まず，興味深いことに母語話者の文章にも学習者の文章にもほぼ同じ割合のカンマ誤りが含まれていることがわかる。訂正性能については，学習者の文章の場合のほうが若干性能がよいが，いずれの場合も訂正精度に比べ訂正率が大幅に低い。文献 61) によると，導入部の語句（introducing words and phrases）の後ろで使われるカンマ（例："Here, I am ⋯"）の抜けの訂正に失敗することが多い。また，同手法は，comma splices を明示的には訂正対象としていないため，訂正に失敗することが多い。

表 3.3　文献 61) のカンマ誤り訂正性能

対象文章	文数	カンマ数	誤り数（余剰 | 抜け）	訂正率	訂正精度	F 値
母語話者	839	427	364（50 | 314）	0.200	0.849	0.324
学習者	683	492	297（65 | 232）	0.317	0.940	0.474

† 読み方は，それぞれ，ユニグラム，バイグラム，トライグラムである。また，文献によっては，1–gram や unigram のように表記する場合もある。

3.3 トークン同定

3.3.1 タスク概要

トークン同定（tokenization）とは，与えられた文をトークンに分割するタスクである。直感的には，文を単語に分割すると解釈できる。ただし，この定義は正確ではない。なぜなら，トークンには，句読点や引用符などの記号，数字なども含むからである（本書では，単語以外の記号，数字なども含めてトークンとする）。したがって，トークン同定には単語以外のトークンの同定も含む。以上を考慮すると，トークン同定は，与えられた文を単に空白で分割するだけの単純な処理ではないことがわかる。なお，日本語では，トークン同定と品詞解析を同時に行うことが多いため，日本語に関しては次節で詳細に議論する（この処理は形態素解析と呼ばれる）。

トークン同定の入出力は

- 入力：文
- 出力：トークン列

となる。具体例を示すと

- 入力：He hit Mr. Beliner, too.
- 出力：He | hit | Mr. | Beliner | , | too | . |

のようになる（ただし，ここで | はトークンの境界を表す）。

3.3.2 性能と実例

他の要素技術と比較すると，トークン同定の性能報告は少ない。文献2) には，Penn Treebank の最初の 1 000 文を対象にしたトークン同定性能が報告されている。それによると，PTB Sed Script†1 と Stanford Tokenizer†2 のトークン同定正解率は，それぞれ 1.00 と 0.997 である。この報告に従うと，トークン

†1 https://www.cis.upenn.edu/~treebank/tokenization.html
†2 http://nlp.stanford.edu/software/tokenizer.shtml

同定性能は非常に高いといえる。一方，より幅広い種類の文章を対象にした場合，Penn Treebank のトークン同定ルールに規定されない言語現象が出現する可能性があり，性能低下が起こるかもしれない。

筆者が知るかぎり，学習者の英文を対象にしたトークン同定性能の報告例はない。参考までに，2.2.3 項で紹介した筆者が独自に行ったカンマとピリオドに関するトークン同定性能を再掲しておこう。対象とした学習者コーパスは，The CoNLL–2014 Shared Task on Grammatical Error Correction[128) で配布された評価用データ 1 312 文[†1]である。この学習者コーパスは，NLTK toolkit[11)][†2]によりトークン同定されている。筆者が目視で確認したところ，少なくとも 127 件のカンマとピリオドに関するトークン同定誤りを発見した。内訳は，カンマと前後のトークンが誤って結合したケースが 89 件，同様にピリオドと前後のトークンが誤って結合したケースが 38 件であった。

3.3.3 学習者の文章を対象にした処理

学習者の文章を対象にしたトークン同定では，母語話者の場合に必要となる処理に加えて，つぎの二つの追加処理を行わなければならない。一つ目は，連結されたトークンの分割である（例："whitehouse" → "white house"）。連結されたトークンとは，トークン間に本来あるべき空白の抜けのために起こる現象である。二つ目は，逆に，不必要な空白を削除する処理である（例："every day"[†3] → "everyday"）。これら 2 種類の現象のため，正確なトークン列を得ようとすると文字単位の処理が必要となる[†4]。

この問題を解決する手法に，Sakaguchi らの手法[152)]がある。この手法では，与えられた文を文字単位で処理することで，空白の抜けと不必要な空白の存在

---

†1 正確には，前述のとおり文分割誤りを含むため，文数は 1 333 である。

†2 http://www.nltk.org/book/

†3 正確には，"every day" も "everyday" も英語として正しい表現である。どちらが正しいかは，意味や文脈による。

†4 この 2 種類の誤りは，綴り誤りとして捉（とら）えることも可能であり，綴り誤り訂正として取り扱う研究もある。

を考慮しながら，トークン同定を行う。さらに，同手法では，綴り誤り訂正と品詞の推定を同時に行うことで，より性能の高い解析を目指す。残念ながら同文献では，トークン同定のみの性能は報告されていないが，三つの処理（トークン同定，綴り誤り訂正，品詞の推定）を同時に行うことで，単独で処理を行うよりも全体の性能が向上することが示されている。

3.4 品詞解析と形態素解析

3.4.1 タスク概要

品詞解析（part–of–speech tagging または POS tagging）とは，与えられた文中の各トークンに対する品詞を推定するタスクである。多くの場合，トークン同定処理により文はトークン列として与えられるため，品詞解析は，トークン列を品詞列に変換するタスクとみなすこともできる。したがって，品詞解析の入出力は

- 入力：トークン列（一文に対応）
- 出力：品詞列

となる。例えば

- 入力： He hit Mr. Berliner , too .
- 出力： PRP VBD NNP NNP , RB .

のようになる。ここで，PRP や VBD は品詞を表す特別な記号である（それぞれ，代名詞と動詞過去を表す）。これを品詞タグや POS タグと呼ぶことがある。上の例は，Part–of–speech tagging guidelines for the Penn Treebank Project[153] で用いられる品詞タグである。

以上の議論は，主に英語を対象にした場合で，**分かち書き**しない日本語では，トークン同定と品詞解析を同時に行うことが多い。この処理を**形態素解析**と呼

ぶ[†1]。しかしながら，品詞解析と形態素解析とでは，処理の単位が異なる[†2]だけで，どちらも系列ラベリングの枠組みで解くことができる。この辺りの詳細については，文献133),168) が詳しい。なお，分かち書きとは，空白などで単語の境界を明示することである。

日本語の形態素解析の入出力は

- 入力：文字列（一文に対応）
- 出力：形態素列

となる。場合によっては，出力には，形態素に加えて，読み，品詞，基本形などの追加情報を含む場合もある。具体例を示すと

- 入力：彼もベルリーナさんを叩いた。
- 出力：（形態素，読み，品詞，基本形）
  彼 かれ 名詞 彼
  も も 助詞 も
  ベルリーナ べるりーな 固有名詞 ベルリーナ
  さん さん 接尾辞 さん
  を を 助詞 を
  叩い たたい 動詞 叩く
  た た 助動詞 た
  。 。 文末記号 。

のようになる。

品詞解析/形態素解析で重要な役割を果たすものに品詞体系がある。品詞体系とは，何種類の品詞を用いるか，どのようなトークンに対してどのような品詞を割り当てるかなどを規定するものである。代表的なものに，2.2 節でも紹介した Part–of–speech tagging guidelines for the Penn Treebank Project の品詞

[†1] 厳密には，この処理は形態素解析そのものではないが，理解の容易さを優先して，本書では形態素解析と表記する。本書の範囲内では，トークン同定と品詞解析を併せたものを形態素解析としても，その他の部分の理解に差し支えはない。

[†2] 品詞解析の場合，トークン単位で処理が進む。一方，形態素解析の処理単位は文字である。

体系がある。品詞体系により，品詞に関する情報の粒度が変わる。一般に，粒度が細かい（すなわち品詞の種類が多い）品詞体系を用いた場合，品詞解析で得られる品詞の情報は多くなるが，解析性能は低くなる傾向にある（逆の議論も成り立つ）。文献96) に，英語の品詞解析のための代表的な品詞体系が紹介されている。

3.4.2 性能と実例

表 3.4 に，母語話者および学習者の英文を対象にした品詞解析性能を示す[†1]。ここでの性能指標は，全トークン数に対する品詞解析に成功したトークン数の割合（正解率）である。母語話者の英文は Penn Treebank の一部（WSJ section 00）である。また，学習者の英文は KJ コーパスの一部（170 エッセイ，2 411 文，22 452 トークン）である。解析手法については，**条件付き確率場**（conditional random field, **CRF**）に基づいた手法[†2]と**隠れマルコフモデル**（hidden Markov model, **HMM**）に基づいた手法[†3]である。表 3.4 より，（予想どおり）母語話者の英文と学習者の英文では性能差があることがわかる。なお，HMM に基づく手法が，母語話者の英文より学習者の英文で性能が高いのは，訓練データとして学習者の英文に近いジャンルのもの（英語の教材）を用いたためだと考えられる。このことは，訓練データとして適切なものを用いると（たとえそれが学習者の英文でなく母語話者のものだとしても），学習者の英文の解析性能が向上することを示唆する。

表 3.4 母語話者/学習者の英文における品詞解析性能（文献 126) より抜粋）

手法	母語話者	学習者
CRF	0.970	0.932
HMM	0.887	0.926

†1 この評価実験の詳細は，文献 126) に詳しい。
†2 “CRFTagger: CRF English POS Tagger,” Xuan–Hieu Phan, `http://crftagger.sourceforge.net/`, 2006.
†3 筆者が独自に開発したものを用いた。なお，tri–gram ベースの HMM である。

表 3.5 に，日本語を対象にした形態素分割性能を示す（同表の性能値は文献 103), 176) から抜粋した）。表 3.5 より，母語話者の文章に比べると若干の性能低下は見られるが，学習者の文章を対象にした場合でも高い性能で形態素分割が行えることがわかる。文献 176) によると，形態素辞書としては，形態素を短単位で定義する傾向にある UniDic[†1]が学習者の文章の形態素分割には適している。

表 3.5　日本語を対象にした形態素分割性能
（文献 103), 176) から抜粋）

手　法	対象コーパス	分割率	分割精度	F 値
	母語話者			
CRF	BCCWJ	0.988	0.989	0.989
SVM	BCCWJ	0.993	0.994	0.994
CRF	Yahoo!知恵袋	0.973	0.976	0.974
SVM	Yahoo!知恵袋	0.985	0.982	0.983
	学習者			
CRF	Lang–8	0.971	0.957	0.964
SVM	Lang–8	0.974	0.974	0.974
CRF+Unidic	Lang–8	0.982	0.971	0.976

残念ながら，筆者が知るかぎり学習者の日本語文を対象にした品詞解析性能は報告例がない。母語話者を対象にした場合は，F 値で 0.98〜0.99 であると報告されている（母語話者を対象にした解析性能は文献 102) などを参照のこと）。

品詞解析/形態素解析のツールは豊富である。英語の場合，TreeTagger[†2]や Stanford Log–linear Part–Of–Speech Tagger[†3]が代表的である。前者は，句情報も出力可能である。また，筆者が開発した日本人英語学習者向けの品詞/句解析器[†4]も利用可能である。日本語の形態素解析器についても，ChaSen[†5]，JUMAN[†6]，MeCab[†7]など選択肢が多い。これらの形態素解析器の違いについ

[†1] http://pj.ninjal.ac.jp/corpus_center/unidic/
[†2] http://www.cis.uni-muenchen.de/~schmid/tools/TreeTagger/
[†3] http://nlp.stanford.edu/software/tagger.shtml
[†4] http://nlp.ii.konan-u.ac.jp/tools/hmmtagger/
[†5] http://chasen-legacy.osdn.jp/
[†6] http://nlp.ist.i.kyoto-u.ac.jp/index.php?JUMAN
[†7] http://taku910.github.io/mecab/

ては，MeCab の公式サイトに詳しい。

3.4.3 学習者の文章を対象にした処理

表 3.4 からわかるように，母語話者の英文と学習者の英文とでは品詞解析の性能に差がある。この差は，ここまでに説明した要素技術の場合と同様に，学習者特有の言語現象に起因すると考えられる。性能差の要因を議論するために，**表 3.6** に，学習者の英文において解析に失敗した（他の品詞として解析された）品詞の上位 5 件を示す。この表を基に，解析失敗要因と性能向上策を考察してみよう。

表 3.6 解析に失敗した品詞上位 5 件

HMM		CRF	
品　詞	頻度	品　詞	頻度
一般名詞単数	259	一般名詞単数	215
動詞現在複数	247	副詞	166
副詞	163	認知誤り	144
認知誤り	150	形容詞	140
形容詞	108	外国語	86

表 3.6 より，一般名詞単数の解析に最も失敗していることがわかる。この要因の一つに，大文字/小文字の誤りを挙げることができる。例えば，本来，語頭が小文字であるべき単語を大文字で表記すると固有名詞単数と誤って解析してしまう傾向にある。関連して，綴り誤りも解析ミスを引き起こす（大文字/小文字の誤りも綴り誤りの一種とみなすことができる）。実際，Sakaguchi ら[152)]は，綴り誤りを訂正しながら品詞解析を行うことで解析性能が向上することを報告している。また，筆者らが行った調査[100)]では，CRF の素性に解析対象トークンの文字 n–gram を含めることで同様の効果が得られることを確認している。具体的には，文字 n–gram を含めることで，1.3%程度正解率が向上する（0.940 から 0.953 に改善）。この理由として，文字 n–gram により，綴り誤りの影響が緩和されることを挙げることができる。仮に綴り誤りがあったとしても，トークンの部分文字列から，その単語の品詞が決定できる場合がある。例

えば，英単語 “tradition” が誤って “traidition” と表記されたとしても，語尾の “ion” は一般名詞単数であることを示唆する。この例のように，綴り誤りがある単語でも，文字 n–gram により，正しく綴られた部分の情報を品詞推定に利用できる。一方，スペルチェッカを用いて綴り誤りを訂正してから品詞解析を行うことも可能である。この場合，文字 n–gram を考慮した場合より性能改善は少なく 0.2%程である。これは，スペルチェッカの訂正結果には訂正誤りも含まれるためである。ただし，文字 n–gram とスペルチェッカの両方を利用すると，両者を個別に利用するよりも性能が高くなることも確認されている。

別の要因に，文法誤りがある。例えば，語の抜け（例：“I (was) frightened.”；動詞の抜け）により，別の品詞が割り当てられることがある（例：“I/代名詞 (was) frightened/動詞過去.”；本来は “frightened/動詞過去分詞”）。文法誤りの与える影響に関して，文献 8) に興味深い報告がある。同文献では，文法誤りを含む学習者の英文とその誤りをすべて訂正した英文を対象にして品詞解析の性能を評価している。誤りを訂正した英文では，オリジナルの英文に対して 1%程度の解析正解率の向上が見られる。例えば，同文献によると，母語話者の英文で訓練した品詞解析器の解析性能は，誤りを含む英文の 0.943 に対し，訂正後の英文では 0.952 である。

解析性能を向上させる有効かつ簡易な方法に，学習者の英文を訓練データに加えるというものがある。学習者の英文に対して人手で品詞情報を付与し，訓練データとして利用するわけである。人手のアノテーションという労力が必要となるが，1～数%の性能向上が報告[8),126)]されている有効な方法である。品詞解析の正解率がすでに 0.9 を越えていることを考慮する，この性能向上は小さくない。また，少量（数千文）の追加でも性能の向上が見られるのは興味深い[†]。

† 通常，訓練に用いる母語話者の英文の量は数万文以上である。

3.5 句　　解　　析

3.5.1 タスク概要

句解析 (chunking) とは，トークン列を名詞句や動詞句などの句にまとめ上げる処理である†1。句解析の入出力は

- 入力：トークン列（一文に対応）
- 出力：句列

となる。また，入力としてトークン列に対応する品詞列を与えることも多い。その場合，出力には品詞列の情報も含むことが多い。入出力の具体例を示すと

- 入力： He/PRP hit/VBD the/DT wall/NN ./.
- 出力： [NP He/PRP] [VBP hit/VBD] [NP the/DT wall/NN] ./.

のようになる。ここで，句のまとまりは大括弧により示している†2。また，“NP” や “VP” は，句の種類を表すラベルである（それぞれ，名詞句と動詞句に対応）。さらに，スラッシュによりトークンに対応する品詞ラベルを表している。

句解析により，句内の情報を得ることができる。例えば，上の例では，名詞句 “[NP the/DT wall/NN]” により，この名詞句内に冠詞 “the” が存在していることがわかる。このような情報は，例えば，4 章で紹介する誤り検出/訂正で必要になる。特に，語の抜けに関する誤りを検出/訂正する際に重要な役割を果たす。例えば，名詞句内に冠詞が存在しなければ，冠詞抜けの誤りの候補となる。

3.5.2 性能と実例

筆者が知るかぎり，学習者の文章を対象にした句解析/文節解析の性能を網羅的に報告した研究はほとんどない。筆者らが行った調査[100)]では，CRF に基づいた句解析器は，トークン単位の解析正解率が 0.944 であった。学習者の母語

---

†1 日本語の場合は，形態素列を文節にまとめ上げる処理もある。
†2 出力形式は，さまざまなものがある。ここで示した例以外にも，XML で表したものもある。

や習熟度にもよるが，KJ コーパスと同じような学習者であれば，母語話者の場合と同等な質の句情報が得られると予想される。

英語においては，部分的（または間接的）に，句解析の性能が報告されている。文献 126) では，主名詞の認識性能が報告されている（**表 3.7**）。主名詞の認識には，名詞句の情報を利用することが一般的であるため，主名詞の認識性能が句解析の部分的な性能を表している。また，文献 147) では，冠詞–主名詞ペアの抽出性能が報告されている。同文献によると，抽出正解率 0.945 である。また，冠詞と主名詞間の距離に応じて抽出正解率が低下することも報告されている（**表 3.8**）。

表 3.7　学習者の英文における主名詞の認識性能（文献 126) より抜粋）

認識率	認識精度	F 値
0.903	0.907	0.905

表 3.8　学習者の英文における冠詞–主名詞ペアの抽出性能と距離の関係（文献 147) より抜粋）

距　離	1 以内	2 以内	3 以内
抽出正解率	0.948	0.944	0.923

以上の性能が十分であるかどうかは目的依存であるが，筆者の経験では，品詞解析/句解析から得られる情報は冠詞誤り検出/訂正，前置詞誤り検出/訂正に有効である。実際，大部分の語学学習支援のための言語処理では，母語話者向けの品詞解析器と句解析器をそのまま利用している。特に，代表的なタスクである文法誤り検出/訂正ではその傾向が強い。一方で，文法誤りにおいて検出/訂正に失敗する第一要因は，品詞解析/句解析のミスであることも報告されており，両解析技術の性能の改善が望まれる。この辺りの状況については，4.1.2 項で詳しく議論することにしよう。

英語の句解析の実例に，前節の品詞解析器の一例として挙げた TreeTagger がある。このツールは品詞だけでなく句の情報も出力可能である。また，筆者が開発した日本人英語学習者向けの解析器がある[†1]。それ以外の句解析器については，3.6.2 項を参照されたい（次節で説明する構文解析に句解析/文節解析の結果が含まれることがあるためである）。

3.5.3 学習者の文章を対象にした処理

前項で述べたように，句解析/文節解析の性能報告は限られているため，学習者の文章を対象にした句解析手法に関しても情報がほとんどない。ただし，句解析/文節解析は品詞解析/形態素解析と関係が深いため，前節で述べた品詞解析/形態素解析のための改善方法が，そのまま利用できるであろう。それ以外の改善方法については，今後の研究が待たれる。

3.6 構 文 解 析

3.6.1 タ ス ク 概 要

構文解析とは，与えられた文の構文構造を求める処理である。統語解析やパージング（parsing）と呼ばれることもある。

構文解析は，**句構造解析**（phrase structure parsing）と**依存構造解析**（dependency parsing）[†2]の 2 種類に大別される。句構造解析では，句と句の関係で構文情報が表される。したがって，通常，句構造解析には句解析の情報も含まれる（さらに，品詞情報も含まれることが多い）。一方，依存構造解析では，トークンとトークンの関係で構文情報が表される。具体的には，どのトークンがどのトークンに依存するかで構文情報が表される。

以上をまとめると，句構造解析と依存構造解析の入出力はつぎのとおりである：句構造解析

- 入力：トークン列（一文に対応）
- 出力：句構造

†1 http://nlp.ii.konan-u.ac.jp/tools/hmmtagger/
†2 係り受け解析と呼ばれることもある。

依存構造解析

- 入力：トークン列（一文に対応）
- 出力：依存構造

それぞれ具体例を示すと：

句構造解析

- 入力： I am busy
- 出力：(S (NP (PRP I)) (VP (VBP am) (ADJP (JJ busy))))

依存構造解析

- 入力： I am busy
- 出力： subj(busy, I), cop(busy, am), root(ROOT, busy)

句構造解析では，この例のように括弧付き表現で構文情報を表すことが多い。この形式を **S 式**と呼ぶ。S 式はコンピュータ処理するのに適している。一方，人間には解釈が困難である。そのため，木構造を用いて，より可読性を高めた形式で句構造を表すことがある。例えば，上の S 式で表される句構造は，木構造を用いて**図 3.1** のように表される。

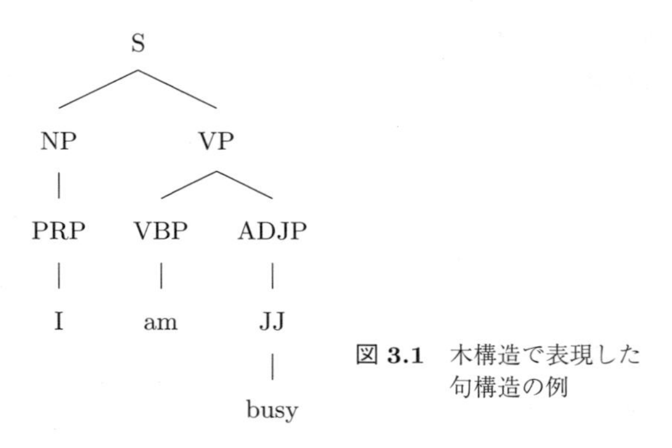

図 3.1　木構造で表現した句構造の例

いずれの形式も同一の構文情報を表している。例えば，S（文）は，NP（名詞句）と VP（動詞句）から成ることがわかる。一方，依存構造解析では，依存構造を依存関係，依存先トークン，依存トークンの三つ組で表すことが多い。例えば，上例の “subj(busy, I)” では，“I” は “busy” に依存しており，依存関係

は “subj”（主語）であることを表している。また，依存構造も木構造として表すことが可能である。

3.6.2 性能と実例

表 3.9 に，学習者の英文を対象にした場合の句構造解析性能を示す。対象データは，KJ コーパスと ICNALE の一部（両者併せて，5 190 文，64 430 トークン）である。対象とした構文解析器は，Stanford Statistical Natural Language Parser（ver.2.0.3）と BLLIP Reranking Parser である。表 3.9 によると，少なくともこの対象データでは，BLLIP Reranking Parser のほうが性能がよいことがわかる。完全一致率（正解データと解析結果が完全に一致した文の割合）は，5 割弱を達成していることがわかる。母語話者を対象にした場合の性能が，F 値で 0.85〜0.9 程度，完全一致率で 0.35〜0.40 程度と報告[139)]されていることを考慮すると，学習者の英文の解析性能は母語話者の英文に匹敵するほどである。ただし，解析性能は文章のジャンルや文の長さに左右されるため，性能差の見極めには今後さらなる研究が必要であろう。文の長さと性能の関係については，一部報告があり，**図 3.2** にその結果を示す。図の横軸は，文長に対応するが，長さ 5 を一単位にしている。例えば，図の横軸 5 のところは，文長 5〜9 の文における性能の平均値を示す。図から，予想どおり，文の長さが長くなると解析性能が低下することがうかがえる。例外として，横軸 0 のところ（すなわち文長 1〜4 の平均値）が挙げられる。これは，フラグメントの誤りに起因する。ここで**フラグメント誤り**とは，例えば，“I went to Kyoto. Because I like the place.” のように，不完全な文のことを指す。非常に短い文には，フラグメント誤りが含まれることが多く，解析に失敗する傾向にある。例えば，本来 “(FRAG (ADVP (RB Thirdly)) (. .)))” と解析すべきところを “(INTJ (ADVP (RB Thirdly))

表 3.9　学習者の英文における句構造解析性能（文献 117）より抜粋）

解　析　器	再現率	適合率	F 値	完全一致
Stanford Parser	0.812	0.832	0.822	0.398
BLLIP Reranking Parser	0.845	0.865	0.855	0.465

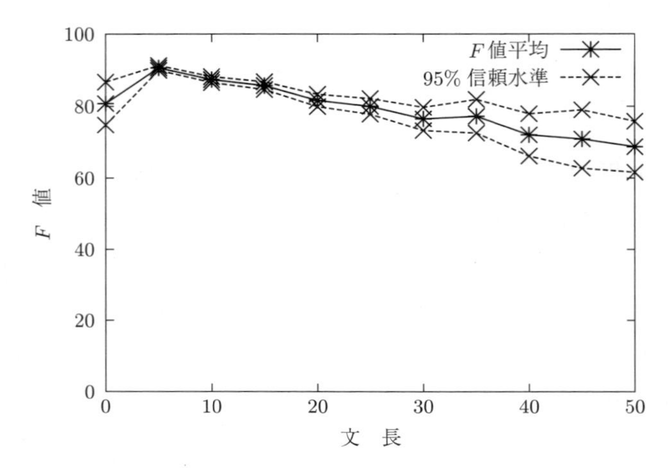

図 3.2 文長と句構造解析性能の関係

(. .)))" と誤解析[†1]することなどを挙げることができる。

学習者英文における依存構造解析性能については，文献 8) が詳しい。一部を**表 3.10** に抜粋する。対象データは，CLC FCE の一部（500 文）と各文の文法誤りを訂正したもの（500 文）である。構文解析器としては，TurboParser (version 2.2)[†2]が用いられている。こちらの性能も，句構造解析と同様に，母語話者の英文に匹敵する性能が得られている（母語話者の英文を対象にした場合，0.92 前後）。また，誤りの影響により 2%程度の性能差が見られる。

筆者が知るかぎり，学習者の日本語を対象にした構文解析性能は報告されていない。母語話者を対象にした場合は，ラベルなし依存構造解析正解率が 0.92 前後である（日本語の依存構造解析性能は文献 62) に詳しい）。

表 3.10 学習者の英文における依存構造解析性能（文献 8) より一部抜粋）

対象データ	ラベルなし依存構造解析正解率
学習者英文	0.903
誤り訂正済み学習者英文	0.922

[†1] ここで，"FRAG" と "INTJ" は，それぞれフラグメントと間投詞句を表す。したがって，フラグメントと解析すべきところを間投詞句と誤って解析したことになる。

[†2] http://www.cs.cmu.edu/~ark/TurboParser/

構文解析性能の直接的評価は以上のとおりであるが，英語に関しては間接的な評価もなされている。その中から，興味深いものをいくつか紹介しよう。文献73) では，母語話者の英文（Scientific American）100 文（平均文長 21.4 語）と日本人の書いた英文（情報処理学会誌アブストラクト）100 文（平均文長 19.3 語）を対象にして，独自に開発した句構造解析規則（CFG 規則）の解析率を求めている。ここで，解析率とは解析結果の中に適切な構文木が得られた割合である。具体的な解析率は，前者が 65%，後者が 83%と報告されている。日本人の書いた英文の解析率のほうが高い。言い換えれば，日本人の書いた英文のほうが，解析が容易であるということである。その詳細な理由は，同文献では述べられていないが，非母語話者は使用する語彙や構文が比較的単純である，ということが一つの要因として想像される。ただし，この評価実験では十分に校正された文章（学術論文）を対象にしていることに注意する必要がある。エッセイでも同様な傾向が見られるかはさらなる調査が必要である。

別の興味深い間接的評価に，主語–動詞のペアの認識正解率を報告した文献[147)] がある。具体的には，CoNLL–2013 training data から動詞 500 語をランダムに選び出し，その主語の認識正解率を求めている。使用した構文解析器は，Stanford Dependency Parser である。平均認識正解率は 0.915 と報告されている。さらに興味深いのは，主語と動詞の距離と正解率の低下の関係を報告しているところである。その報告によると，主語と動詞の距離が 1 のとき，すなわち主語が動詞の左隣にあるとき，正解率は 0.976 である。距離 2 のときは 0.882 となる。言い換えれば，主語と動詞の間に 1 単語入るだけで，10%近く正解率が低下することになる。また，距離が −3〜−1 の場合，すなわち主語が動詞の右側 3 単語以内にある場合，正解率が 1.00 であることも興味深い[†]。以上のような情報は，例えば，構文解析器を用いて，主語–動詞の一致に関する誤りを検出する際などに有益であろう。

† “There are some books.” のように主語と動詞が倒置される場合には距離は負の値となる。

構文解析器も，公開されているものが多い。英語では，Stanford Parser[†1]やBLLIP Reranking Parser（または，Charniak–Johnson Parser）[†2]が代表的である。前者は，句構造と依存構造の両方を解析可能である。後者は，句構造解析器である。両者とも，品詞情報，句情報も出力可能である。また，筆者は，BLLIP Reranking Parser 上で動作する学習者の英文向け構文解析モデルを言語資源協会[†3]より公開している。日本語については，KNP[†4]や CaboCha[†5]がある。両者とも，依存構造解析器であり，同時に文節情報も出力する。また，KNP は格関係，照応関係も出力する。

3.6.3 学習者の文章を対象にした処理

学習者の文章専用の構文解析器は長らく存在しなかった[†6]。これはひとえに，学習者の文章を対象にして，構文情報のアノテーションガイドラインを規定することの難しさに起因する。さらに，このことに起因して，学習者の文章における構文解析性能さえ明らかでなかった。善後策として，構文情報付き母語話者コーパスに誤りを自動的に埋め込んだコーパスや母語話者学生コーパスを用いて，擬似的な性能評価が行われていた[17),18)]。

この状況は 2015 年ごろに大きく改善した。まず，文献 116), 117) により，学習者の英文向けの句構造アノテーション手法が提案された。時期を同じくして，文献 8) では，依存構造アノテーション手法が提案された。また，両文献とも，提案手法で実際に構文情報をアノテーションした学習者コーパスを公開している。これらの研究により，3.6.2 項で紹介した，学習者の英文を対象にした構文解析性能が初めて明らかになったわけである。さらに，両文献では，学習者の英文を対象にして，構文解析性能を改善することも試みている。例えば，文献 117) では，人手で句構造の情報をアノテーションした学習者コーパスを訓練

---

†1　http://nlp.stanford.edu/software/lex-parser.shtml
†2　https://github.com/BLLIP/bllip-parser
†3　http://www.gsk.or.jp/
†4　http://nlp.ist.i.kyoto-u.ac.jp/?KNP
†5　https://taku910.github.io/cabocha/
†6　筆者の知るかぎり，本書の執筆開始時点でも存在しなかった。

データに加えたときの解析性能の向上を報告している。また，学習者コーパスに重みづけをする目的で，句構造情報付き学習者コーパスを何回かコピーして訓練データに加えた場合の解析性能も報告している。その結果を抜粋したものを図 **3.3** に示す。図の横軸は，学習者コーパスを何回コピーして訓練データに加えたかを表す。図より，学習者コーパスを加えることにより，適合率も再現率も向上することがわかる。

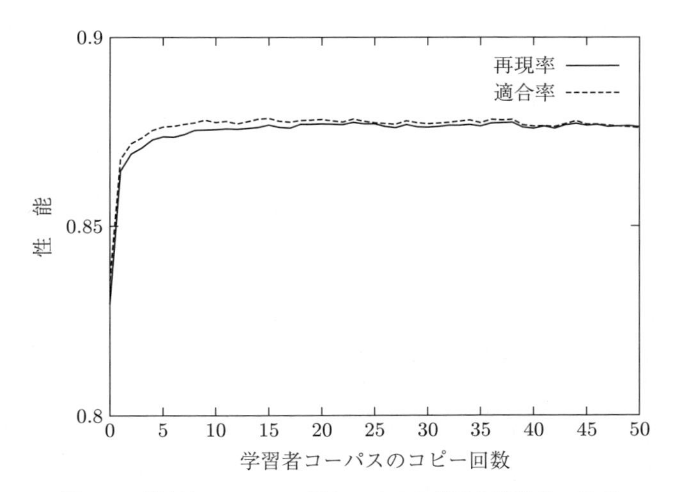

図 3.3　学習者コーパスの追加による句構造解析性能の改善（文献117）より抜粋）

3.7　この章のまとめ

本章では，語学学習支援のための言語処理を支える要素技術として，文分割，トークン同定，品詞解析，形態素解析，句解析，構文解析を紹介した。これらの処理から得られる情報が，次章以降で紹介する処理やシステムの基礎をなす。各節で紹介した入出力から，これらの要素技術が語学学習支援に役に立ちそうなことが想像できるのではないかと思う。本章では，各処理の入出力，母語話者と学習者における差異を説明することに主眼を置き，技術的な内容は最小限にとどめた。技術的な内容に興味がある読者は，言語処理の教科書133),169)などを参照されたい。

本章では，語学学習支援のための言語処理で比較的よく使用される要素技術を紹介した。もちろん，この他にも重要な要素技術はたくさんある。例えば，(どこまでを要素技術と呼ぶかは別として)，固有名抽出，意味解析，談話解析などは，語学学習支援のための言語処理に有益であろう。今後，これらの技術についても利用が進んでいくと予想される。

章末問題

【1】 既存の文分割ツールを学習者コーパスに適用し，文分割の結果を観察せよ。また，独自に作成した文分割プログラムで，同じ学習者コーパスを文に分割し，結果を比較せよ。

【2】 【1】と同様に，既存のトークン同定ツールを学習者コーパスに適用し，観察せよ。また，独自に作成したトークン同定プログラムで，同じ学習者コーパスを解析し，結果を比較せよ。

【3】 UniDic および IPADic を形態素辞書とした MeCab でつぎの文を形態素解析せよ。

　　ほうんとうにじょずじゃりません。

【4】 つぎの文に人手で品詞を付与せよ。また，その際に起こる問題点について議論せよ。ただし，用いる品詞はつぎのとおりとする：代名詞，動詞，前置詞，冠詞，名詞。

　　I went to the see.

【5】 S 式で表された句構造 (S (NP (DT the) (NN coffee)) (VP (VBD smelled) (ADJP (JJ good))) を構文木に変換せよ。

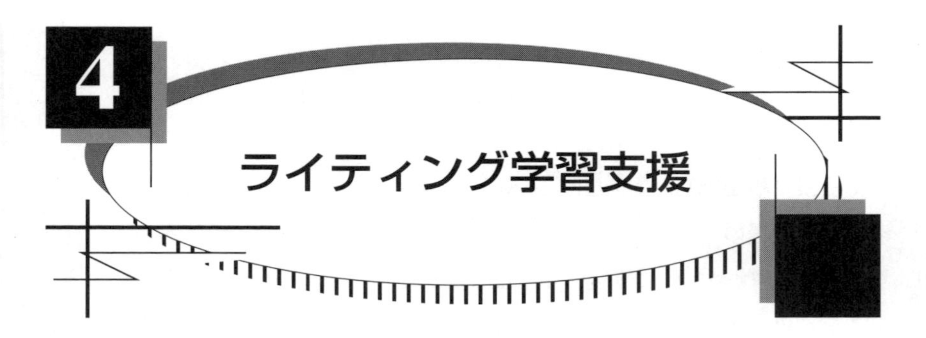

4 ライティング学習支援

> 或るときこんな事がありました。“doing” とか “going” とか云う現在分詞には必ずその前に「ある」という動詞、—“to be” を附けなければいけないのに、それが彼女には何度教えても理解出来ない。そして未だに “I going” “He making” と云うような誤りをするので、私は散々腹を立てて例の「馬鹿」を連発しながら口が酸っぱくなる程細かく説明してやった揚句、過去、未来、未来完了、過去完了といろいろなテンスに亙って “going” の変化をやらせて見ると、呆れた事にはそれがやっぱり分かっていない。
>
> （谷崎潤一郎，『痴人の愛』から）

これは大正時代を舞台にした小説『痴人の愛』で，登場人物の譲治が妻であるナオミに英語を教える一節であるが，実際に “I going” や “He making” などは学習者コーパスに頻繁に見られる文法誤りである。大正の時代（あるいはそれ以前）からこの種の誤りに日本人英語学習者は悩まされてきたようである。

さて，いよいよ本章から語学学習支援の具体的な内容に入る。本章ではライティング学習支援を取り扱うが，一番のハイライトは文法誤り検出/訂正である。文法誤り検出/訂正とは，上述のような文法誤りをコンピュータで検知して訂正する技術である。文法誤り検出/訂正は，語学学習支援のための言語処理で最もよく研究されている技術であり，実用化も進んでいる。また，文法誤り検出/訂正に加えて，ライティング学習支援としてキーワード推薦についても紹介する。

4.1 文法誤り検出と訂正

文法誤り検出/訂正（grammatical error detection and correction）は，語学学習の支援のための言語処理における代表的なタスクの一つである。文法誤り検出/訂正は大きく2種類に分けることができる。一つは，和文英訳のように訳文を対象とする場合である。この場合，学習者は翻訳元となる文を目的言語の文に翻訳する（和文英訳の場合，和文を英文に訳する）。もう一つは，自由記述の文章（以降，本章ではエッセイと表記する）を対象とする場合である。エッセイライティングでは，なにについて書くかを表す題（またはトピック）が与えられるのみである。

両者の最大の違いは，正解文をあらかじめ用意できるかどうかにある。すなわち，訳文の場合は，翻訳元の文から予想して，あらかじめ正解文の候補を準備することができる。一方，エッセイの場合は，なにが書かれるかをあらかじめ予想することは困難である。よって，正解文をあらかじめ用意することも困難である。

この違いが，両者における処理技術に差異を生み出す。以下，4.1.1項では，訳文を対象とした場合の具体例として和文英訳における文法誤り検出/訂正を取り上げる。つぎに，4.1.2項で，英語のエッセイを対象とした文法誤り検出/訂正を詳細に議論する。

4.1.1 和文英訳における文法誤り検出/訂正

〔1〕 **タスク概要**　本タスクでは，学習者が訳した英文中で誤りがある箇所を同定し，正しい英文を復元する。入力と出力はつぎのとおりである：

- 入力：問題文（和文），検出/訂正対象文（英文）
- 出力：対応する正しい英文，検出/訂正対象文中の誤りのある箇所

問題文は，学習者に与えられる和文である。検出/訂正対象文は，問題文を学習者が英語に翻訳した文である。入出力の具体例を示すとつぎのようになる：

- 入力：池に魚釣りに行った。（問題文）
  I go to fishing the lake.（学習者の英文）
- 出力： I went fishing in the lake.（正しい英文）
  go，to，および fishing の直後。（誤りのある箇所）

また，上の出力情報を基にして，学習者には**図 4.1** のようなフィードバックを提示することも可能である。

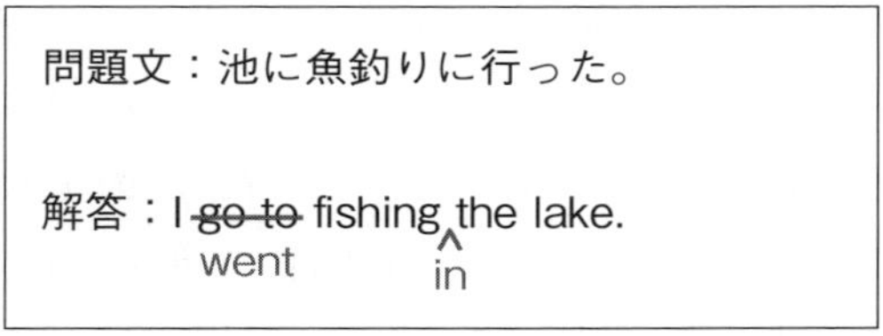

問題文：池に魚釣りに行った。

解答：I ~~go to~~ fishing ^ the lake.
went　　　　in

図 4.1　和文英訳における文法誤り検出/訂正の例

すでに述べたように，本タスクでは，問題文から正解文の候補が事前に用意できる。正解文の候補が用意できれば，検出/訂正対象文と比較することで，誤り箇所の同定や正しい英文の復元が可能となる。

その際に問題となるのは二点である。一点目は，いかに効率よくかつ網羅的に正解候補文を作成するかという点である。正解候補文が事前に用意できるとはいえ，基本的に人手で作成するため，正解候補文作成にかかる労力は極力減らすことが好ましい。語句の有無，位置，選択などの組合せにより，正解候補文の数は莫大（ばくだい）になることも少なくない。したがって，効率よく網羅的に正解候補文を作成する方法論が必要とされる。二点目は，いかにして多数ある正解候補文と検出/訂正対象文との比較を行い，正しい英文の復元と誤り箇所の同定を行うかという問題である。誤り検出/訂正の際には，学習者が書いた文を極力生かすことが好ましいと考えられるため，多数ある正解候補文から学習者が書いた文に最も近いものを選び出す必要がある。

この二つの問題の解決方法は，西村ら[130)]により示されている†。以降，この

† 西村ら[130)]は，形態素解析や構文解析を行わないという意味で，同手法を自然言語処理を用いない手法と位置付けている。本書では，自然言語を対象とした文法誤り検出/訂正手法ということと，同手法の重要性を考慮し，語学学習支援のための言語処理の一手法として取り上げる。

手法を中心にして説明を進めることとする。

〔**2**〕 **性能と実例**　　西村ら[130)] の手法の性能は，訂正率が 98%，訂正精度[†1]が 96%と報告されている（訂正率と訂正精度については，4.1.2 項の「〔4〕評価方法」を参照のこと）。また，正解文の展開倍率は平均 3 000 倍である（一行のデータから平均 3 000 の正解候補文を生成）。

和文英訳を対象にした文法誤り検出/訂正システムはすでに実用化が進んでいる（文法誤り検出/訂正ではなく，自動添削という言葉が用いられることも多い）。例えば，教育測定研究所の CASEC–GTS（図 **4.2**）[†2]は，和文英訳を対象とした自動添削サービスである。また，Duolingo[†3]では，和文英訳（図 **4.3**）だけでなく，スペイン語やフランス語などさまざまな言語の自動添削サービスが提供されている[†4]。これらのシステムは，ソースコードが公開されていないため詳細なアルゴリズムについては不明であるが，得られる情報は西村ら[130)] の

図 **4.2**　CASEC–GTS の添削画面

---

†1　文献 130) に掲載されている情報から筆者が訂正率と訂正精度を算出した。
†2　`http://g.casec.jp/about_gts/`
†3　`https://ja.duolingo.com/`
†4　英語でスウェーデン語などを学ぶとなかなか楽しい。

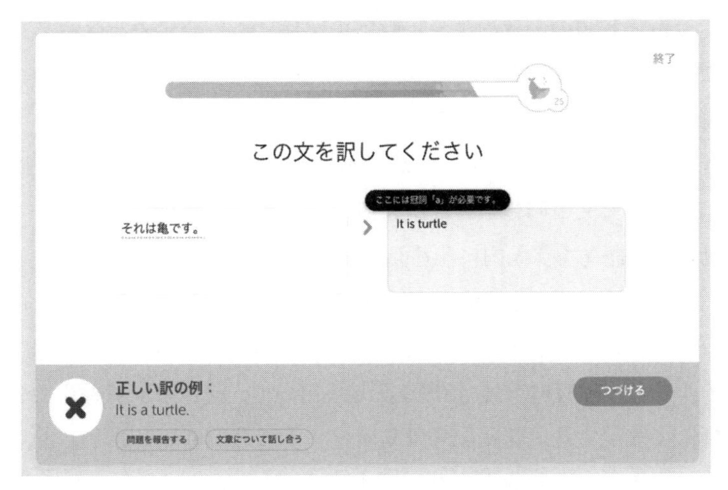

図 **4.3** Duolingo の添削画面

手法と類似している。

〔**3**〕 **理論と技術** 西村ら[130]は，効率よく網羅的に正解候補文を作成するための BUD（basic universal description）という記法を提案している。BUD により，単一の文型で表せる正解候補文をほぼすべて一つのデータで表すことができる（以降，本項では，このデータのことを正解データと呼ぶことにする）。

BUD の基本は，正解候補文中の語句について，省略可能な語句と交換可能な語句を効率よく記述することにある。正解候補文中で省略可能な語句は記号 () を用いて表す。同様に，交換可能な語句は記号 [ ] を用いて表す。例えば，“I went fishing [in, at] the lake (yesterday).” では，“the lake” の前の前置詞は “in” と “at” どちらでもよく，また，“yesterday” はあってもなくてもよいことを表す。結果として，4 種類の正解候補文に展開できる（章末問題【**1**】も参照のこと）。なお，省略可能/交換可能を表す記号は別のものも使用できるが，() と [ ] は同じ意味で英和辞典などで使用されているため，英語教員など問題作成者にとって理解しやすいものとなっている。

さらに，BUD では，より柔軟に正解候補文を記述するために，呼応関係（<>）と移動語句（{}）も取り扱うことができる（括弧内は対応する記号を表す）。呼応関係では，代名詞の一致のように呼応の関係にある語句の組合せを記号 <> を用いて表す。その際には，<> 内の同じ順番に記述された語句同士の組合せのみが正解となる。例えば，“<I, We> have <my, our> own car.” は，“I have my own car.” と “We have our own car.” の二つに展開される。移動語句では，副詞のように文中の複数の箇所に置くことができる語句を一括して表現する。移動可能な語句を { } 内に記述し，正解候補文に展開する際に，{ } の語句一つだけを残して削除する。例えば，“I have {already} read it {already}” を展開すると “I have already read it” と “I have read it already” が得られる。

以上のように，BUD では，特殊な記号を用いて，複数の正解候補文を文型ごとに一括して表現する。特殊記号は階層化することが可能であり，より効率よく正解候補文を記述できる。また，排他関係，マクロ定義記号も取り扱うことができる（詳細は，文献 130) を参照のこと)。

文法誤り検出/訂正処理は，上述のようにして得られた正解データに基づいて行われる。まず，特殊記号を処理して正解候補文に展開する。つぎに，展開された訂正候補文一つ一つと学習者の書いた文を比較し，学習者の文に最も近い正解候補文を求める。二文間の近さを，両文間で一致するトークンの数に基づいて求める。より厳密には，二つの文で一致するトークン同士に，一対一かつ交差しないよう線を結び，その線の最大数を二文間の近さと定義する（線の本数が同じ場合，線の引かれていないトークンの数が少ないものを選択する)。図 **4.4** に，このアルゴリズムによる正解候補文と学習者の文の比較の例を示す。

〔4〕 実際的な情報　　BUD において，正解候補文の展開に要する計算量は高い（指数オーダーである)。また，展開された正解候補文の数が多くなれば，学習者の英文との比較に要する時間も増加する。

この問題を解決するためには，正解データの展開の前に正解候補文の枝刈りを行うとよい。基本的なアイデアとしては，学習者の英文中に含まれない語句を含んだ正解候補文が，学習者の英文に最も近くなることはないことを利用する。すなわち，( ) や [ ] などの記号内の語句が，学習者の英文中に含まれない場合，展開前に削除しても得られる最適解は変わらない。これにより，展開に

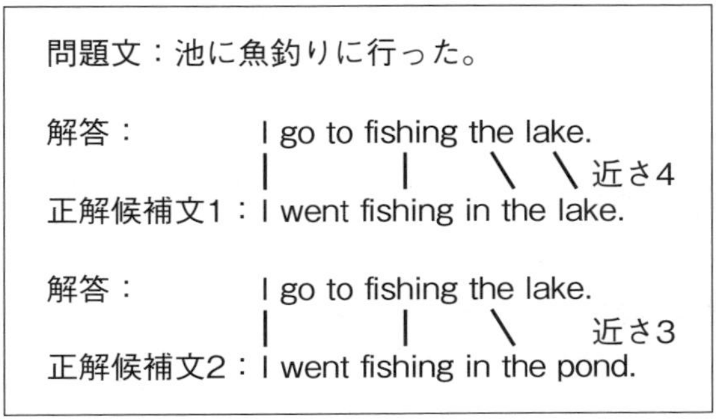

問題文：池に魚釣りに行った。

解答：　　　　I go to fishing the lake.
正解候補文1：I went fishing in the lake.　近さ4

解答：　　　　I go to fishing the lake.
正解候補文2：I went fishing in the pond.　近さ3

図 **4.4**　正解候補文と学習者の文の比較の例

要する時間も文の比較に要する時間も短くすることができる。

また，使用する語句や文法項目を限定することで，正解候補文の数を減らすこともできる。例えば,「動詞 “see” を適当な形に活用して使いなさい」や「関係代名詞 “which” を使いなさい」などのように条件を指定することで，“see” や “which” を含む正解文だけを用意すればよい。こうすることで，学習者の選択肢は減るが，意図した語句や文法の使用を促せるので，語学学習としてはむしろ好ましい場合もある。

別の問題として，トークン同定の問題もある。西村ら[130)]の手法では，正解候補文も学習者の文もトークンに分割されていることを暗に想定している。正解データは人手で作成するため，正解候補文をあらかじめトークンに分割しておくことが可能である。一方，学習者の文は，入力された後に，トークンに分割する必要がある。3 章で述べたように，学習者の英文では句読点の誤りを含むことがあるため，トークン同定自体が難しいタスクである。このことを考慮すると，正解候補文もあえて人手でトークンに分割しておかず，同じアルゴリズムで正解候補文も学習者の英文もトークンに分割したほうがよい場合が多い。なぜなら，同じアルゴリズムであれば，たとえ分割に失敗したとしても，同じ表現に対しては正解候補文と学習者の英文で同じトークン列が得られる可能性が高いためである。同じ表現に対して同じトークン列が得られれば，二文の比較が正しく行える。例えば，“It’s an NP.” という文に対して，学習者の英文に

おいて，“It | ’s | an | NP. |” のように分割に失敗したとする（ここで，“NP.” は “NP” と “.” の二つのトークンに分割するのが正しいとする）。そうすると，人手で正しく分割した正解候補文 “It | ’s | an | NP | . |” に一致しない。一方で，正解候補文，学習者の英文共に同じアルゴリズムでトークン同定を行えば，たとえ分割に失敗したとしても，この問題は起こらない。

〔5〕 発展的な内容　　BUD は，正解候補文を効率よく網羅的に作成することを可能にするが，依然，人手の作業のため作成コストは高い。そのため，正解候補文を（半）自動的に生成する手法は有益であろう。機械翻訳を用いれば，問題文に対して，一つの正解候補文（の候補）を得ることができる。さらに，多くの機械翻訳システムでは，さまざまな翻訳候補に対して確信度（例えば，統計的機械翻訳で得られる確率）が得られるため，その確信度を基に複数の正解候補文を作成することも可能である。和文のフレーズに対して，確信度の高い英文のフレーズを選択し，記号 [ ] で括れば，置換可能語句を記述できるであろう。このような正解候補文の（半）自動生成については今後の研究成果が待たれる。

本項で説明したのは和文英訳であるが，同じ枠組みで任意の言語ペアに対して文法誤り検出/訂正が行える。ただし，日本語のように分かち書きをしない言語では形態素解析が必要となる†1。もしくは，トークンレベルでの比較ではなく，文字レベルの比較を行う必要がある†2。この場合，トークン同定の必要がなくなる。このことは思いの外重要で，形態素解析器が存在しない言語においても西村ら[130)] の手法が適用可能なことを意味する。さらに，トークンレベルと文字レベルでの比較を組み合わせることで，綴り誤りも含めた誤り検出/訂正が可能となる。なお，より一般的には，オートマトンを用いて，正解候補文の記述と学習者の英文とのマッチングを実現することが可能である。

純粋な BUD に基づいた手法の限界として，誤りに関する説明ができないという点がある。すなわち，削除，追加，置換すべき語句は学習者に提示できるが，その理由は説明できない。

---

†1　形態素解析をトークン同定処理とみなせば，英文の場合と同一である。
†2　こちらも，一文字を 1 トークンとみなせば同一の処理である。

とはいえ，BUD を少し拡張することで誤りに関する説明は一部可能となる。一つの手段として，品詞解析や構文解析を利用することが挙げられる。例えば，品詞解析により誤りのある語の品詞が前置詞であるとわかれば，前置詞の誤りとして説明ができる。また，西村ら[130)]は，誤答データに対する解説文を，あらかじめ用意しておくことで誤りについて説明する方法を提案している。しかしながら，いずれの方法でも網羅的で詳細な説明を生成することは難しい。学習効果を高める効果的なフィードバックの提示方法は，語学学習支援のための言語処理（より大きくは語学学習支援）の最大の課題であり，今後の研究成果が待たれる。なお，エッセイライティングにおけるフィードバックについては，雑誌「英語教育」の特集[33)]や文献 157) が詳しい。

4.1.2　自由記述英文における文法誤り検出/訂正

〔1〕 タスク概要　本タスクでは，与えられたエッセイ[†]中の文法誤りを発見し，正しい表現へ訂正する。ここまで，単に文法誤り検出/訂正と呼んできたが，この用語は厳密にはつぎの三つのタスクを指す：(**a**) **文法誤り検出**（grammatical error detection）；(**b**) **文法誤り検出/訂正**（grammatical error detection and correction）；(**c**) **文法誤り訂正** (grammatical error correction)。(a) 文法誤り検出では，指定された文法誤りのある箇所と種類を特定する。誤りの種類は，1 種類の場合も複数の場合もある。(b) 文法誤り検出/訂正では，(a) に加え，正しい表現を復元する。一方，(c) 文法誤り訂正では，誤りの種類は特定せず，誤り箇所を正しい表現へ修正する。

本タスクの入出力は，つぎのとおりである：

- 入力：対象とする誤りの種類，エッセイ
- 出力：誤りのある箇所，誤りの種類（文法誤り検出）
  誤りのある箇所，誤りの種類，訂正候補（文法誤り検出/訂正）
  訂正候補（文法誤り訂正）

入出力の具体例を示すとつぎのようになる：

† 本書では，自由記述作文をエッセイと表記していることに注意。

- 入力：対象誤り：冠詞の誤り
  エッセイ：I went a fishing in lake last week. I found the place in a magazine ···
- 出力：I went <at>a< /at> fishing in <at></at> lake last week. I found the place in <at></at> magazine ···[†]（文法誤り検出）

  I went <at crr="">a< /at> fishing in <at crr="a"></at> lake last week. I found the place in <at crr="a"></at> magazine ···（文法誤り検出/訂正）

  I went fishing in a lake last week. I found the place in a magazine ···（文法誤り訂正）

以上が，基礎的な入出力であるが，他の情報が加わることもある。入力としては，エッセイのトピックや書き手の情報（母語，習熟度など）がある。これらの情報は，検出/訂正処理において有益な情報になり得るだろう。また，出力として，検出/訂正に関する確信度や誤りに関する説明が得られることもある。

〔2〕 性能と実例　**表 4.1** に，代表的な誤り検出/訂正手法の性能を示す。各手法の詳細については，本項の「理論と技術」および「発展的内容」の解説を参照されたい。また，性能値の算出方法については「〔4〕評価方法」で詳しく説明する。

表 4.1 からわかるように，性能は相対的なものであり，同じ手法でも対象となるコーパスにより性能値は変化する。例えば，主語動詞の一致に関する誤りの検出では，KJ コーパスを対象とした場合と ICLE を対象とした場合では，F_1 が 2 倍以上も異なることがわかる。一つの理由としては，両者の誤り率の違いを挙げることができる。また，両コーパスでは平均文長が異なることも理由の一つである（文が長くなるほど検出が難しくなる）。このように，対象コーパス

† "<at>" は，冠詞の誤りを表すタグである。表記の詳細については，2.1 節の説明を参照されたい。

表 4.1 代表的な誤り検出/訂正手法の性能

対象タスク	手法*1	性能*2	対象コーパス*3	誤り率
冠詞誤り訂正	AP[145]*4	$F_1 = 0.335$	CoNLL2013	10%（errors/NP）
冠詞誤り検出	DL[112]	R=0.717，P=0.654，$F_1 = 0.684$	独自コーパス	2.3%（errors/word）
前置詞誤り検出/訂正	SMT[184]	$R = 0.176$，P=0.346，$F_1 = 0.233$	CoNLL2013	10.7%（errors/prep.）
	SMT[184]	$R = 0.115$，P=0.385，$F_1 = 0.176$	KJ	1.6%（errors/token）
	MEM[151]	$R = 0.167$，P=0.310，$F_1 = 0.217$	KJ	1.6%（errors/token）
	ECF[122]	$R = 0.107$，P=0.823，$F_1 = 0.189$	KJ	1.6%（errors/token）
	ECF[122] + MEM[151]	$R = 0.235$，P=0.369，$F_1 = 0.287$	KJ	1.6%（errors/token）
主語動詞一致訂正	JL[147]	$F_1 = 0.523$	CoNLL2013	5.2%（errors/verb）
主語動詞一致検出	人で作成した規則[105]	R=0.726，P=0.653，$F_1 = 0.687$	KJ	0.3%（errors/token）
	構文解析ベース[105]	R=0.764，P=0.494，$F_1 = 0.600$	KJ	0.3%（errors/token）
	MSW	R=0.443，P=0.573，$F_1 = 0.500$	KJ	0.3%（errors/token）
	人で作成した規則[105]	R=0.511，P=0.250，$F_1 = 0.336$	ICLE	0.09%（errors/token）
	構文解析ベース[105]	R=0.556，P=0.140，$F_1 = 0.224$	ICLE	0.09%（errors/token）
時制誤り検出	Stativity ベース[118]	$R = 0.155$，$P = 0.558$，$F_1 = 0.242$	KJ	0.8%（errors/word）
	MEM（2 値分類）[65]	$R = 0.058$，$P = 0.360$，$F_1 = 0.100$	KJ	0.8%（errors/word）
	MEM（3 値分類）[118]	$R = 0.503$，$P = 0.065$，$F_1 = 0.115$	KJ	0.8%（errors/word）
時制誤り検出/訂正	CRF[167]	R=0.215，P=0.207，$F_1 = 0.211$	Lang–8	6.6%（errors/verb）
	MEM[167]	R=0.483，P=0.037，$F_1 = 0.068$	Lang–8	6.6%（errors/verb）
	SVM[167]	R=0.608，P=0.027，$F_1 = 0.051$	Lang–8	6.6%（errors/verb）

*1 略語の意味はつぎのとおり：AP（averaged perceptron）；CRF（conditional random field）；DL（decision list）；SMT（statistical machine translation）；MEM（maximum entropy model）；ECF（error case frame）；JL（joint learning）；MSW（microsoft word 2010 (14.0.6112.5000)）；SVM（support vector machines）

*2 性能については，基本的に参考文献に掲載されているものを引用した。掲載されていないものについては，筆者が独自に調査を行い求めた。時制誤り検出/訂正の手法[167]については F_1 が最大のときの性能を記載した。

*3 略語の意味はつぎのとおり：CoNLL2013（CoNLL–2013 Test Corpus）；KJ（Konan–JIEM Learner Corpus）；ICLE（International Corpus of Learner English v.2）

*4 ここでの冠詞誤り検出は，「冠詞が必要か必要でないか」の 2 値分類を対象としている。

の誤り率や各種統計が問題の難しさを見積もる際に参考となる。なお，表 4.1 の誤り率は，対象コーパスにより単位が異なるので注意が必要である。

この他，文法誤り検出/訂正を対象としたワークショップや shared task の結果は，最新の性能を知る上で有効な情報源となる（ワークショップおよび shared task については 2.2.1 項を参照のこと）。また，少し古い情報ではあるが，文献 90) の情報もよくまとまっている。

文法誤り検出/訂正を実用化した例はすでにいくつもある。エッセイ自動評価システムである e–rater[101)] には，文法誤り検出/訂正機能が搭載されている。その他，Ginger[†1]，Whitesmoke[†2]，Grammarly[†3] などが知られている。日本国内では，**図 4.5** に示す CASEC–WT が文法誤り検出機能を有する。また，日本語を対象にした文法誤り検出/訂正システム Chantokun[†4] が公開されている。

〔3〕 理論と技術　すでに説明したように，エッセイを対象とした文法誤

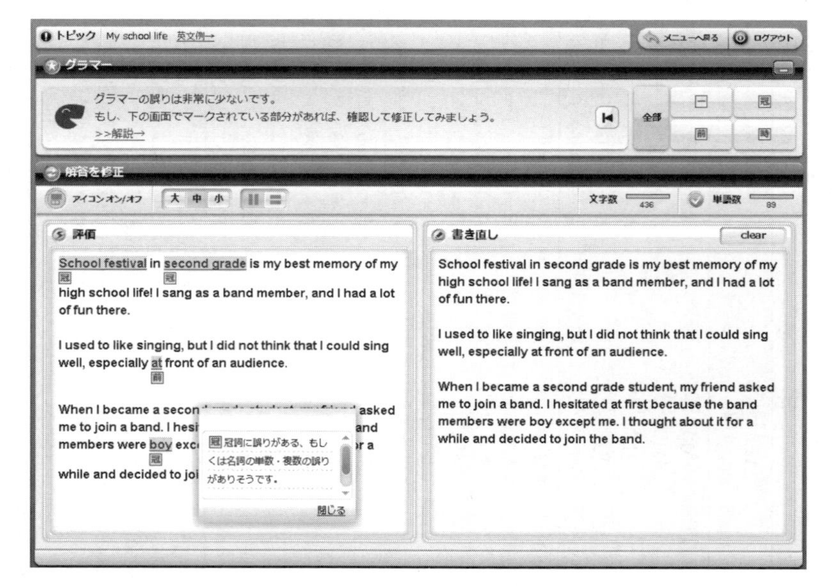

図 4.5　CASEC–WT の添削画面

---

†1 http://www.gingersoftware.com/
†2 Whitesmoke: http://www.whitesmoke.com/
†3 Grammarly: http://www.grammarly.com/
†4 http://cl.naist.jp/chantokun/

り検出/訂正では事前に正解候補を用意できない。そのため，検出/訂正のためのより一般的な規則を作成することになる。言い換えれば，対象言語において文法的に正しい（もしくは誤りである）用法を検出/訂正規則として記述することになる。例えば，「英語では，主語と動詞は一致しなければならない」という規則を計算機が扱える形式で記述する。この例のように，検出/訂正規則は，エッセイのトピックや内容とは（ある程度）独立した抽象的な形で表されることが多い。

検出/訂正規則を得る有効な手段の一つは，人手による作成である。内省，対象とする言語に関する文法書，コーパス分析などを利用して検出/訂正用の規則を作成する[†1]。作成された規則は直接エッセイに適用されることもあるが，品詞解析や構文解析の結果を対象にすることが多い。また，解析そのものに組み込まれることもある。

具体例として，文献49),73) の手法を概観してみよう。これらの手法の背景にある考え方は，「構文木が得られない英文は文法誤りを含む可能性が高い」というものである。なぜなら，一部の文法誤りは解析規則の適用を妨げるからである。この考え方に基づき，まずエッセイを構文解析する。つぎに，構文木が得られなかった英文を対象にして，解析規則を一部緩めて再度解析を試みる。その結果，構文木が得られれば，解析規則を緩めた部分に誤りがある可能性が高い。例えば，“ a/ART books/N” には，通常の解析規則：

$$\text{(NP NUMBER ?}n\text{)} \rightarrow \text{(ART NUMBER ?}n\text{) (N NUMBER ?}n\text{)}$$

が適用できない[†2]。なぜなら，“a/ART” の数は単数，“books/N” の数は複数

†1 筆者がよく使用するのは，文法書5),51),54)，辞書83) などである。完全に主観であるが，辞書83) については，第二版が文法誤り検出/訂正規則作成に最も適している。

†2 この規則は，素性を用いて通常の文脈自由文法における規則を拡張したものである。“NUMBER ?n” は文法上の数を表す変数で，英語の場合，$n \in \{$単数, 複数$\}$ である。規則全体では，「NP，ART，N の数は同じでなければならない」という意味になる。「NP → ART N，適用条件：NP，ART，N の NUMBER の値が一致」と表記したほうが理解しやすいかもしれない。素性を用いた文脈自由文法の拡張は，文献4),104) が詳しい。なお，ここでの「素性」は機械学習の文脈で使われる「素性」とは異なることに注意が必要である。

であり，適用条件を満たさないためである。このとき，解析規則の条件を緩めて

NP → ART N

とすると，“(NP a/ART books/N)” という解析結果が得られる。緩和した条件は，名詞句内の数の一致に関するものであるので，この名詞句には限定詞と名詞の数の不一致があると結論付けられる。

人手で作成された検出/訂正規則で対応できる文法誤りは意外と多い。文法誤り検出/訂正システムを開発する際には，まずは人手による規則の作成を検討するべきであろう。英語の場合，主語と動詞の不一致（例：“The curry taste good.”），限定詞と名詞の不一致（例：“These curry taste good.”），代名詞の格に関する誤り（例：“The curry interests I.”），動詞の形態に関する誤り（例：“The curry was eated.”），一部の前置詞の誤り（例：“The curry tastes good in every evening.”）などは比較的容易に規則が作成できる。

しかしながら，人手による規則の作成にも限界がある。対象とする文法誤りによっては，用法が複雑で規則が膨大となるため，人手で作成することが困難なことがある。言い換えれば，人手による規則の作成では，高いカバー率を達成することが難しい場合がある。例えば，英語の冠詞は，修飾する名詞の意味と文脈に応じて変化するため規則の数が膨大になる。また，冠詞の用法は厳密でないものも多く，規則として記述しにくいという難しさもある。

これらの問題を解決するため，最近では，コーパスから検出/訂正規則を自動的に獲得する方法が主流である。規則の自動獲得は，（統計的）言語モデルに基づく手法と機械学習に基づく手法の 2 種類に大別される。

言語モデルでは，ある言語における単語列の自然さを確率として表すことができる。逆の見方をすれば，単語列の不自然さも表すことができる（すなわち確率が低い単語列である）。言語モデルで不自然と評価される単語列に文法誤りがあると判断するのが，言語モデルに基づいた文法誤り検出/訂正の基本的な考え方である。どれくらい確率が低ければ誤りとするかの閾値（しきいち）もコーパスを用いて決定することが多い。この場合，閾値未満の確率をもつ n–gram が検出規

則となる。訂正は，より高い確率を与える単語（列）を選択することで実現できる。例えば，bi–gram の言語モデルで，単語列 “he think” の確率が閾値より小さく，“he thinks” の確率が十分に高ければ，“think” を “thinks” と訂正することになる。同様に，冒頭で触れた “I going” や “He making” という誤りも検出/訂正することができる。

この基本的な考え方をより形式的に表すため，つぎの記号を導入する。いま，検出/訂正対象である単語を x_i で表す（添字は文中で i 番目の単語であることを表すとする）。同様に，x_i より前の単語を $x_0, \cdots, x_{i-2}, x_{i-1}$ で表す。このとき，文中での単語 x_i の出現確率は，n–gram 言語モデルで近似すると

$$\Pr(x_i|x_0, \cdots, x_{i-1}) \simeq \Pr(x_i|x_{i-n+1}, \cdots, x_{i-1}) \tag{4.1}$$

で表される。したがって，閾値を θ として

$$\Pr(x_i|x_{i-n+1}, \cdots, x_{i-1}) < \theta \tag{4.2}$$

を満たす n–gram の集合が誤り検出規則となる。また，訂正は，例えば

$$\hat{x} = \arg\max_x \Pr(x|x_{i-n+1}, \cdots, x_{i-1}) \tag{4.3}$$

を満たす x で行う。

以上の考え方は基本的なものであり，実際には，より洗練された手法が使われる。このようなアイデアに基づく初期の研究に文献 19), 88) などがある。

つぎに，もう一つのアプローチである機械学習に基づく方法を説明しよう。ここでは，理解の容易さを考慮して，冠詞誤り検出/訂正を例にとり説明を進める。ただし，理論的には，冠詞誤りだけではなく，他の文法誤りにも適用可能である†。以降，「冠詞」を別の語（例えば前置詞）に適宜読み替えることで，他の誤りに対する方法も理解できるであろう。

機械学習に基づく方法では，文法誤り検出/訂正を分類問題として解く。冠詞誤り検出の場合，与えられた冠詞の正誤を判別する 2 値分類問題として解くこ

† もちろん，よい性能が達成できるかどうかは文法誤りの種類による。

とができる。このとき，分類クラス（ラベル）は正/誤の 2 種類になる。別のアプローチとして，N 個のクラスから最も適切な冠詞を選択するという N 値分類問題として解くこともできる（どちらかというと，このアプローチが主流である）。例えば，ラベルが "a, the, ϕ" の場合，3 値分類問題となる。ただし，"ϕ" は無冠詞を表すとする。分類の結果選択された冠詞が実際に書かれた冠詞と一致しなければ誤りと判定することになる。誤りの場合，分類の結果選択された冠詞が訂正結果となる。

分類器の訓練は，訓練データを用いて行う。幸いなことに，正しい冠詞を推定する 3 値分類問題のアプローチでは，英語母語話者コーパスの冠詞の例を訓練データとすることができる。まず，適当な英語母語話者コーパスを選び，コーパス内の冠詞をすべて見つけ出す。通常，この処理には，品詞解析，句解析が必要となる。なぜなら，無冠詞や主名詞（head noun）を見つけ出すためには，名詞句を同定する必要があるからである。名詞句内に冠詞や限定詞がない場合，無冠詞となる。また，通常，名詞句内の最後の名詞を主名詞とする。つぎに，あらかじめ決定しておいた分類のための情報を素性ベクトルとして抽出する。このようにして得られた，冠詞と素性ベクトルの組が 3 値分類アプローチの場合の訓練データとなる。一方，正誤を判定する 2 値分類問題の場合には，人手で訓練データを作成することになる。学習者コーパス中の冠詞誤りの情報を人手で付与することにより正誤の情報を得る。したがって，より労力を必要とすることになるため，現状では 3 値分類問題のアプローチをとることが多い。なお，2 値分類問題の場合，素性に冠詞自身の情報を含めることも重要であることを強調しておこう。

以上の処理を具体例で見てみよう。全体の流れは**図 4.6** に示すとおりである。

(A)　いま，入力（訓練データ用のコーパス）として

Red wine goes well with the cheese.

が与えられているとする（実際には，大量の文を利用する）。

(B)　品詞解析と句解析を行うとつぎのような結果が得られる：

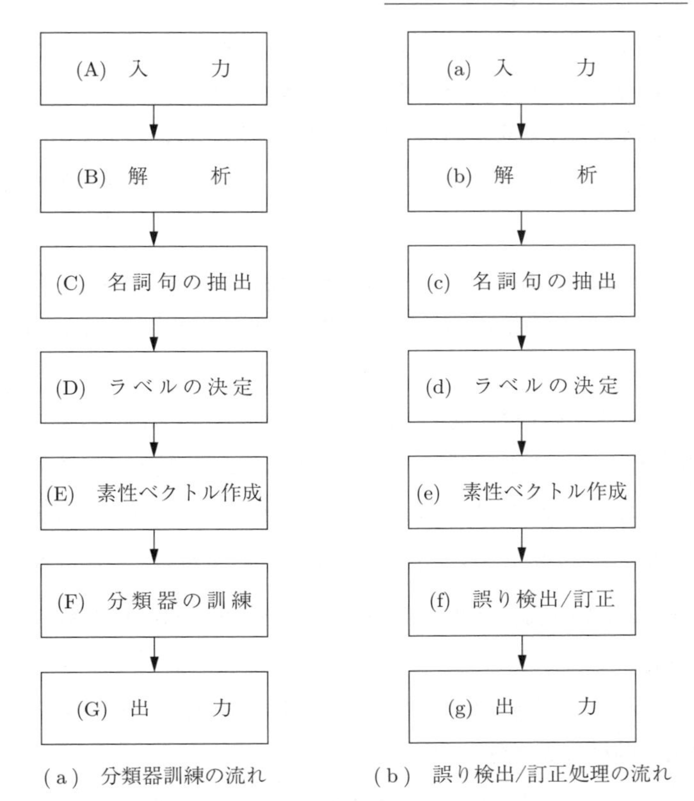

(a) 分類器訓練の流れ (b) 誤り検出/訂正処理の流れ

図 4.6 冠詞誤り検出/訂正の流れ

[NP Red/JJ wine/NN] [VP goes/VBZ] [ADVP well/ADV]
[PP with/IN] [NP the/DT cheese/NN] ./.

(C) つぎに，解析結果から名詞句を抽出する。上述の例からは，“[NP Red/JJ wine/NN]” と “[NP the/DT cheese/NN]” の二つの名詞句が得られる。

(D) これらの名詞句から冠詞を抽出しラベルを決定する。上述の例の 3 値分類の場合，前者のラベルは無冠詞，後者は定冠詞である。また，2 値分類の場合は，(上述の例では与えられていないが)，当該の冠詞の正誤を基にラベルを決定する。通常は，文法誤り情報付き学習者コーパスを利用することで正誤の情報を得る。

(E) つづいて素性値を決定し，各冠詞に対して素性ベクトルを作成する。素性は，冠詞の用法に関連が深いと考えられるものを用いる。例えば，冠詞前後の単語，冠詞が修飾する主名詞，主名詞を修飾する形容詞などである。上述の例に対して，冠詞の前後1トークン，主名詞，主名詞を修飾する形容詞を素性とすると

ラベル=ϕ 左の単語=なし 右の単語=Red 主名詞=wine 形容詞=Red

ラベル=*the* 左の単語=with 右の単語=cheese 主名詞= cheese 形容詞=なし

という素性ベクトルが得られる†。なお，該当する単語が存在しない際に，“形容詞=なし” のように “なし” とするか，素性として含めないとするか選択が分かれる。含める場合は，該当する単語がないということを積極的に分類に考慮することになる。また，2値分類の場合（両用法とも正しいとすると）

ラベル=正しい 冠詞=ϕ 左の単語=なし 右の単語=Red 主名詞=wine 形容詞=Red

ラベル=正しい 冠詞=*the* 左の単語=with 右の単語=cheese 主名詞=cheese 形容詞=なし

という素性ベクトルが得られる。この処理で得られた素性ベクトルとラベルのペアの集合が訓練データとなる。

(F) 訓練データが得られたら分類器の訓練を行う。分類器としては，表4.1に示したものがよく用いられる。

冠詞誤り検出/訂正処理では，訓練済みの分類器を検出/訂正対象のエッセイに適用する。図4.6からわかるように，(a)～(e) 最初の五つの処理は分類器訓練の際と同一である。(f) つぎに，作成された素性ベクトルを訓練済みの分類器に適用して，冠詞を推定する。その結果に基づいて冠詞誤り検出/訂正を行う。

† この例では，素性ベクトルを略記している。厳密には，上述の各素性に対応する素性値を1，それ以外の素性の素性値を0などとして素性ベクトルとする。また，ラベルは素性ベクトルに含めないのが普通である。ただし，機械学習に基づく分類器を実装した多くのツールはこの例のような略記法に対応している。

3 値分類の場合は，推定された冠詞と実際に学習者が使用した冠詞とを比較し，一致しなければ誤りと判定する。また，推定された冠詞を訂正結果とする。2 値分類の場合は，ラベルが正/誤のどちらかであるので，推定結果がそのまま検出結果となる。訂正は，例えば，素性ベクトル中の冠詞そのものに対応する素性値を変化させ，推定結果が「正」となる冠詞を選択することで行う。(g) 最後に，検出/訂正結果を出力する。

以上が，分類器に基づいた冠詞誤り検出/訂正手法の基礎となる。処理内容を見るとわかるように，適宜，冠詞誤りを別の誤りに読み替えると，他の文法誤りにも同様の方法が適用可能である。実際，分類器に基づいた手法は，前置詞誤り[20),34),50),174)]，名詞の単複に関する誤り[113),123)]，時制の誤り[118),167)]，語彙選択の誤り[156)]，フラグメントの誤り[182)] などに適用されており，一定の成果が得られている。

〔4〕 **評 価 方 法**　文法誤り検出/訂正のための手法やシステムを開発した後には，その性能を評価することになる。よく用いられる方法は，人間の添削結果と比較して性能を見積もる方法である。そのためには，人手により誤りの情報が付与された学習者コーパスが必要となる。幸いなことに，2.2 節で述べたように，現在ではさまざまな誤り情報付き学習者コーパスが利用可能である。もちろん，独自に作成した学習者コーパスを用いてもよい。以下では，誤り情報付き学習者コーパスを評価データと表記して評価方法を説明する。

評価データと検出/訂正結果を比べたとき，一致する箇所と一致しない箇所がある。さらに，（文法誤りがない）正しい箇所での一致/不一致と文法誤りがある箇所での一致/不一致があるため，組合せは 4 種類となる。これら 4 種類には名前が付けられているが，イメージしやすいように先に具体例を示そう。いま，つぎのような評価データと検出結果が与えられているとする（訂正結果も同様に議論できる）：

- 入力文章：I went a fishing in a lake last week. I found the place in magazine...
- 検出結果： I went <at>a</at> fishing in <at>a</at> lake last

week. I found <at>the</at> place in magazine...

- 評価データ：I went <at>a</at> fishing in a lake last week. I found the place in <at></at> magazine...

評価データを見ると，冠詞の余剰（“<at>a</at>”）と冠詞の抜け（“in <at></at> magazine”）の二つの冠詞誤りがあることがわかる。一方，検出結果を見ると，“<at>a</at>” について，検出結果が評価データと一致している。この例のように，誤りがある箇所での一致を **true positive**[†1] という。逆に，誤りがある箇所での不一致を **false negative** という。ちょうど，“in magazine” の冠詞の抜けが false negative になる。一方，正しい箇所での一致と不一致は，それぞれ **true negative** と **false positive** という。上述の例文中では，前者は “last week” の無冠詞，後者は “in a lake” の “a” となる。これら 4 種類の数値をまとめたものを**混同行列**（confusion matrix）と呼ぶことがある。

これら 4 種類の一致/不一致に基づいて性能を評価することができる。よく用いられるのは，**検出率**（recall）と**検出精度**（precision）である[†2]。検出率と検出精度は，言語処理システムや検索システムの評価に一般的に用いられる再現率と適合率に等しい。検出率は，エッセイ中の誤りのうち何割を正しく検出できたかを表す。言い換えれば，検出の網羅性を表す尺度である。一方，検出精度は，検出した誤りのうち何割が実際に誤りであったかを表す。すなわち，検出の正確性を表す尺度である。以上を定式化すると，検出率（R）と検出精度（P）は，それぞれつぎのように定義される：

$$R = \frac{\text{true positive の数}}{\text{true positive の数} + \text{false negative の数}} \tag{4.4}$$

$$P = \frac{\text{true positive の数}}{\text{true positive の数} + \text{false positive の数}} \tag{4.5}$$

---

†1　余談であるが，“positive” と “negative” の語尾から形容詞のように見えるが，名詞として使用できる。また，この意味では，両名詞とも可算名詞である。したがって，“the number of true positive*s*”（true positive の件数）のように複数にして使用されることもある。

†2　筆者の感覚では，研究者同士の会話においては，検出率や検出精度より recall や precision という表現が好まれる印象がある。ちなみに，「検出率 0.70」などのように検出性能を英語表記する際には “*a* recall of 0.70” のように不定冠詞が必要となる。

ここで，式 (4.4) の分母と式 (4.5) の分母は，それぞれ，エッセイ中の検出対象誤りの総数と検出の総数に等しいことを強調しておこう。また，いずれの式も，true negative は考慮されていないことにも注意が必要である。このことは，後述する正解率のところでもう一度取り上げる。

検出率と検出精度の両方を考慮した F 値もよく用いられる。**F 値**（F–measure）は，R と P を用いて

$$F = \frac{2RP}{R+P} \tag{4.6}$$

で定義される。また，F 値を一般化した

$$F_\beta = \frac{(1+\beta^2)RP}{R+\beta^2 P} \tag{4.7}$$

も用いられることがある。式 (4.7) において，パラメータ β は，検出率と検出精度どちらをどれだけ重視するかを制御する。後述するように，現状では，検出率より検出精度を重視する傾向にあるため

$$F_{0.5} = \frac{(1+0.5^2)RP}{R+0.5^2 P} \tag{4.8}$$

が好んで用いられる傾向にある。

また

$$A = \frac{\text{true positive の数} + \text{true negative の数}}{\text{true positive, true negative, false positive, false negative の総数}} \tag{4.9}$$

で定義される**正解率**[†]（accuracy）も用いられることがある。式 (4.9) は，検出率，検出精度と異なり true negative を含んでいる。分子に true negative を含んでいるため，文法誤りの数が相対的に少ないエッセイ，言い換えればライティング能力が高い学習者が書いたエッセイに対して高い正解率を達成するためには，true negative の数を増やさなければならないことがわかる。このように違

† この意味で「精度」という用語が用いられることもあるが，検出精度と紛らわしいため本書では「正解率」を用いる。また，「分類正解率」のようになにに対する正解率かを明記した表記も用いる。

う観点から評価できるため，検出率，検出精度と併せて正解率も積極的に利用すべきであるといえる。

ここで正解率に関する，より正確には true negative に関する注意事項を指摘しておこう。「〔1〕タスク概要」のところで述べたように，通常の文法誤り検出/訂正で出力されるのは，誤り位置，誤りの種類，訂正候補であり，文法誤りがない正しい箇所については明示的に情報が出力されない。そのため，正しい箇所の数（すなわち true negative の数）は自明でない。誤りが検出された箇所以外を正しい箇所とすればよいように思われるかもしれないが，無冠詞のように明示的に表されない要素があるため，実際には話はずっと複雑である。冠詞誤り検出/訂正の場合，誤りがないと判定された不定冠詞，定冠詞に加えて，無冠詞も数えなければならない†。通常は，なんらかの解析処理によって無冠詞の位置を決定しなければならない。より一般的に述べると，評価時には，誤り位置，誤りの種類，訂正候補に加えて，正しい箇所も同定することで，初めて式 (4.9) により正解率を計算できる。すでに繰り返し述べているように，学習者の書く文章は多様な誤りを含むため，これはそれほど容易な処理ではない。

このことは，手法間の比較を行う際に，より大きな問題となる。上述のように，true negative の数は，なんらかの解析処理により積極的に求めないといけない。このことは，同じエッセイを対象にしていても，文献で報告されている正解率における true negative の数が異なる可能性があることを意味する。たとえ同じエッセイや学習者コーパスを用いていたとしても，実際には検出/訂正対象が同一でないことが起こり得るということである。また，正解率の情報だけでは，true negative の正確な数が求められないことも意味する。現実問題として，二手法間の性能差を統計的に検定することが頻繁に行われるが，一般的に二手法間の試行数（すなわち検出/訂正対象数）が同一であるほうが検定性能は高くなる。また，そもそも試行数が同一でないと適用できない検定手法もある。正解率の式 (4.9) は比率（正しい検出数と全検出数の比率）であるので，母比率の差の検定を用いて，二手法間の性能差を検定できる。しかしなが

† 他の誤りでも同じ問題が起こる。

ら，true negative の数がわからなければ適用できない[†1]。以上のことを考慮すると，論文などで性能を報告する際には，検出率，検出精度，正解率の値だけでなく，true negative の数も明記するべきであるといえる[†2]。残念ながら，筆者が知るかぎり，以上の問題を明確に論じた語学学習支援のための言語処理の文献はないように思われる。

別の方法として，トークンレベルの比較に基づいた評価手法[24)]がある。基本的なアイデアは，訂正結果として得られた文と評価データ中の正しい文とのトークンレベルの編集距離に基づいて評価を行うというものである。正しい文が複数ある場合，編集距離が最小となるものを選び出す。最終的には，訂正結果と正しい文とで一致するトークンの数から検出率と検出精度を求める。この手法の利点として，誤りの種類を特定する必要がなく，正しい文だけ用意すればよいという点が挙げられる。

〔**5**〕 **実際的な情報**　現在では，言語モデルを構築するツールおよび機械学習に基づく分類器がツールとして豊富に利用可能である。また，品詞解析器などの解析ツールも同様である（各ツールの詳細は，3 章を参照のこと）。したがって，誤り検出/訂正システムを開発する際には，分類器や解析ツールを自ら実装する必要はないことが多い。ただし，中には商用利用不可もしくは有料というツールもあるので，商用システムを開発する際には注意が必要である。特に，英語の解析ツールはその傾向が強く開発のボトルネックになることがある。場合によっては，文献 105) のように，一部の解析器を利用せずに，エッセイを対象とした文法誤り検出/訂正を行うことを検討してもよいかもしれない。さらに，評価のためのデータやツールも公開されているものが利用できる。例えば，トークンレベルの比較に基づいた評価手法[24)]を実装したツール m2scorer[†3]が公開されている。

---

†1 この問題は，エッセイ中のトークン数を試行数とすることで解決するように思われるかもしれない。実際には，抜けの誤りがありトークン間に任意の数の誤りを想定できるため，一意に試行数を決めることができない。

†2 もちろん，併せて true positive の数なども明記すべきである。

†3 `https://github.com/KentonMurray/Non-nativeEnglishGrammarCorrection/tree/master/release2.2/m2scorer`

一方で，素性ベクトルをつくる処理については，自ら開発する必要がある。どのような情報に基づいて誤り検出/訂正を行うかを決定し，その機能を実装することになる。利用する情報は対象とする誤りに依存する。大まかな方針としては，内省，コーパス分析，文法書などを利用することになるであろう。また，過去の文献も参考となる。対象誤りに特化した情報を用いる手法のわかりやすい例として，文献114),167) を挙げておこう。両文献は，それぞれ，名詞の可算性（数えられる名詞か数えられない名詞か）に関する誤りと時制の誤りを対象としたものである。名詞の可算性も時制も，一文書内では一貫しやすいという傾向を利用する。例えば，名詞（例：“paper”）の可算性は意味や文脈に応じて可算（例：“paper”（論文））と不可算（例：“paper”（紙））に使い分けられるが，一文書内ではどちらかが一貫して使われる傾向がある。時制についても同様な傾向がある（過去のことを記述した文書では過去形が一貫して使われる傾向がある）。文献114) では，(1) 検出対象文書中の全名詞の可算性を推定し，(2) その結果に基づき，名詞の種類ごとに可算と不可算のどちらかが多いかを決め，(3) その情報を素性として加え，再度，名詞の可算性を推定する。文献167) では，時制決定問題を系列ラベリングとして解くことで，先行の時制判定結果をつぎの判定に利用する。

関連して，言語モデル/分類器としてなにを利用するかということも，実装の際には考えなければならない。言語モデルとしては tri–gram モデル，分類器としては，最大エントロピーモデルや SVM などがよく用いられる。対象とする誤りに対する分類器と素性の最適な組合せを一概にいうことは難しい。一つの手段として評価実験を通して経験的に決める方法がある。英語の場合，各種誤りに対するさまざまな手法の性能が，CoNLL Shared Task 2013 の結果報告[129) と Rozovskaya らの報告 148) に報告されており一つの目安となる†。CoNLL Shared Task 2013 の結果報告によると，冠詞（および限定詞）の誤りは分類器に基づく手法，前置詞の誤りは統計的機械翻訳に基づく手法（後述），

† 残念ながら，CoNLL Shared Task 2014 の結果報告書[128)] には，検出率の比較しか掲載されていない。

名詞の数に関する誤りは分類器に基づく手法または言語モデルに基づく手法がよい成績を収めている。

以上のような傾向がある一方で，筆者の経験によれば，対象誤りに関連が深い情報に基づけば，言語モデルや分類器としてなにを用いても，実用上は大きな差が生まれないことも多い。例えば，CoNLL Shared Task 2013 において，名詞の数に関する誤りに対して最も訂正性能がよかった手法は，分類器に基づく手法（$F_1 = 0.443$）である。二番目に性能がよかったのは言語モデルに基づく手法（$F_1 = 0.433$）である。F_1 値が 0.443 と 0.433 の 2 種類の手法において，（たとえ統計的に有意差があったとしても）学習者効果としてはおそらく大差はないであろう[†1]。

さらに，人間の添削もばらつくということを念頭に置いておくべきである。「〔4〕評価方法」で述べたように，文法誤り検出/訂正の評価は，人手で誤りの情報を付与した評価データを使用するが，評価データが唯一に定まることはまれであり，作業者間でばらつきが出る。CoNLL Shared Task 2014[128] を例にとると，28 種類の誤りを対象とした場合，二人のアノテーション作業者の間の $F_{0.5}$ 値は，0.454 と 0.385 である[†2]。これらの値は，一種の性能限界と捉えることができる。

以上のことを考慮すると，完璧な性能を目指すのではなく，検出/訂正性能を考慮しつつ，学習支援としての使いやすさ，実装と保守の容易さなども判断材料として，総合的に手法やシステムの評価を行うべきであろう。例えば，最大エントロピーモデルのように，推定結果とともに確率が得られる分類器では，確率を推定の確信度として利用できるという利点がある（例：確信度が低い場合は，検出/訂正を行わない）。また，安直に言語モデルや機械学習を使用することは避け，人手による規則の作成も十分に検討すべきであろう。実際，Chodorow らの手法[19] は，検出/訂正規則をコーパスデータから自動的に生成できること

---

†1　もちろん，学術的な意味はある。

†2　2 種類のアノテーション結果のうちどちらを正解データとみなすかにより，2 通りの $F_{0.5}$ が得られる。

を示したという点では画期的であるが，その大部分の規則は人手で容易に作成可能である。誤りの種類によっては，言語モデルや機械学習に基づく手法より高い性能が達成できる場合もあるであろう。さらに，訓練に必要なデータも必要としないというメリットもある。

実用上の問題に，トークンの同定処理に関連したものがある。すでに見たように文法誤り検出/訂正は，各種解析（品詞解析，句解析，構文解析など）を伴う。ここにトークン同定処理も含まれる。文法誤り検出/訂正システム内部では，入力エッセイはトークンに分割された状態で保持されることになる。一方で，最終的に，検出/訂正結果を学習者に提示する際には，分割されたトークンを元どおりに連結しなければならない。ときには，句読点の誤りや空白の抜けが含まれるため，通常の正書法に従って連結しただけでは，元のエッセイを復元できないことがある。元のエッセイを完全に復元するためには，トークン間の空白の数をすべて記憶しておく必要がある。この処理は，検出/訂正性能には影響を与えないが，実用を踏まえた語学学習支援のための言語処理では大切な処理である（章末問題【**3**】を参照のこと）。また，システム評価において，検出/訂正結果と評価データを比較する際に，両者のトークン位置が異なると評価が行えない。よって，評価の際にも，元のエッセイを完全に復元する必要がある。もしくは，評価用に，システムへの入力も評価データもあらかじめトークンに分割しておき，トークン位置の変更を認めないという方法がとられることもある。各種 Shared Task では，この方法がとられることが多いようである。

もう一点，実用上考えなければならない問題を指摘しておこう。学習者の書く文章には，文法誤りを含め多種多様な誤りが一文中に混在するという点である。言語モデルでも機械学習に基づく分類器でも，訓練データ用に母語話者コーパスを利用すると，そのような誤りは基本的に存在しない。そのため，対象誤りの周辺に別の誤りが出現すると検出/訂正に失敗する可能性が高くなる。残念ながら，筆者が知るかぎり，対象誤り周辺の他の誤りが，検出/訂正性能にどのような影響を与えるかを網羅的に調査した研究は存在しない。筆者らが行った冠詞誤り検出に関する小規模な調査[112]では，false positive のうち 13.2%が冠詞周辺の他の文法誤りに起因するものであった。これは二番目に多い false positive の原因であった（一番は，品詞解析/句解析のミスであり 49.5%であった）。他の誤りから受ける影響を低減する方法については，すぐ後の「〔6〕発展的な内容」で述べる整数計画問題として文法誤り検出/訂正を解く手法がある。どのような誤りに対して有効であるか，副作用が起こらないのかなど明らかになっていない部分も多く，今後の研究成果が待たれる。

〔6〕 発展的な内容　「理論と技術」では，基本的な文法誤り検出/訂正手法として，人手で作成した規則に基づく手法，言語モデルに基づく手法，機械学習に基づく手法の 3 種類を紹介したが，最新の技術では，これらを組み合わせるということが試みられている。

その好例が，統計的機械翻訳[15)] に基づく手法[13),99)] である。このことを詳細に見るために，まず，統計的機械翻訳の仕組みを概観しよう。通常の統計的機械翻訳は，原言語の文 X が対象言語の文 Y に翻訳される確率に基づく。言い換えれば，X が最も翻訳されやすい，すなわち翻訳確率が最大となる $\hat{Y}$ を翻訳結果とする。このことを定式化すると

$$\hat{Y} = \arg\max_{Y} \Pr(Y|X) \tag{4.10}$$

と表せる。この式をベイズの定理に基づいて変形すると

$$\arg\max_{Y} \Pr(Y|X) = \arg\max_{Y} \frac{\Pr(Y)\Pr(X|Y)}{\Pr(X)} \tag{4.11}$$

となる。右辺の分母は最大化に関係しない†ため，さらにつぎのように変形できる：

$$\arg\max_{Y} \frac{\Pr(Y)\Pr(X|Y)}{\Pr(X)} = \arg\max_{Y} \Pr(Y)\Pr(X|Y) \tag{4.12}$$

これが統計的機械翻訳に用いられる基本的な式である。

この式における X と Y を，それぞれ学習者が書いた（誤りを含むかもしれない）文と対応する正しい文に読み替えると，統計的機械翻訳に基づいた誤り

† 翻訳対象である原言語の文 X はすでに決定しており，変化しない。選択の余地があるのは，翻訳対象の文 Y のみである。

訂正手法[†]が実現できる。言い換えれば，与えられた学習者の文を正しい文に翻訳するわけである。

さて，以上を踏まえてもう一度，式 (4.12) を観察してみよう。この式の右辺は，言語モデルと分類器に対応すると解釈できることがわかる。すなわち，$\Pr(Y)$ は，文 Y を生成する確率，言い換えれば Y 中の単語列を生成する確率であり，正に言語モデルである。また，$\Pr(X|Y)$ は，正しい文の情報から誤りのある文を選択するという確率的な分類問題と捉えることができる。実際，$\Pr(X|Y)$ に対応するモデルとして最大エントロピーモデルを用いることが多い。また，素性についても，分類器に基づいた誤り訂正手法と同様なものを利用することが多い。ただし，分類器に基づいた誤り訂正手法は，通常，誤りのある文を正しい文に修正する確率 $\Pr(Y|X)$ に基づくことに注意する必要がある。このような違いはあるものの，統計的機械翻訳に基づいた手法では，言語モデルに基づいた手法と分類器に基づいた手法で用いられる情報を共に使用していることがわかる。

以上の議論より，統計的機械翻訳に基づいた誤り訂正手法は二つの手法で利用する情報を組み合わせているため，より高い性能が達成できると期待される。しかしながら，いまのところ，機械学習に基づいた手法と性能に大きな違いはない。その理由の一つとして，翻訳モデル $\Pr(X|Y)$ の訓練に大量のパラレルコーパス（学習者コーパスとそれを訂正したコーパス）が必要になるという点を挙げることができるであろう。また，すでに述べたように，通常，統計的機械翻訳に基づく手法では，誤りの訂正しかできないという問題もある。

別の種類の組合せとして，文法誤り検出/訂正を整数計画問題として解く方法がある。これは，複数のタイプの文法誤りを同時に訂正するというものである。直感的なイメージとしては，複数の分類器を組み合わせた手法となる。すでに指摘したように，学習者の文章では，一文内に複数の誤りを含むことがあ

---

† ここでは，意図的に「誤り訂正手法」と表記している。なぜなら，統計的機械翻訳に基づいた基本的な手法では，誤りの種類は特定せず訂正候補のみが得られるためである。また，綴り誤りなど文法誤り以外の誤りも同時に訂正する。

る。どの誤りから検出/訂正すべきかというのは非常に難しい問題である。可能であれば，同時に異なるタイプの誤りが検出/訂正できることが好ましいであろう。文法誤り検出/訂正を整数計画問題として解く方法[147),180)]では，従来の機械学習に基づく手法を個別に適応するよりも高い性能が達成できることが報告されている。

また，人手で作成した規則と機械学習を組み合わせた手法もある。文献123), 124)では，名詞の単複と冠詞に関する誤りを検出するために，人手で作成した規則と機械学習を組み合わせている。これらの誤りの一部は，与えられた名詞の可算性（数えられるか数えられないか）が判明すると，少数の規則により比較的容易に検出が可能である。例えば，不可算名詞であれば，複数にすることは誤りであるし，「一つの」という意味を含む不定冠詞で修飾することも基本的にできない。逆に，可算名詞は無冠詞単数で使用できない。ここで問題となるのは，与えられた名詞の可算性をどのように判定するかということである。名詞の可算性は，名詞の意味や文脈に応じて変化するためなんらかの方法で判定する必要がある。文献123), 124)の手法では，機械学習に基づいた分類器を利用して名詞の可算性を判定する。同手法では，人手で作成した少数の規則で訓練データを自動生成するという工夫も行っている。この他，人手で作成した規則と機械学習を組み合わせた手法に，文献113), 118)などがある。

最後に，語学学習支援を目的とした文法誤り検出/訂正に残された大きな課題を指摘して，本項を締めくくることとしよう。これまで見てきたように，現状の文法誤り検出/訂正で得られるのは，主に，誤りのある箇所，誤りの種類，訂正候補であり，なぜ誤っているかの理由を学習者に説明することは難しい。文法誤りの種類と理由は多岐にわたり，人手で作成した規則，言語モデル，機械学習，いずれの手法でも網羅的に誤り理由を説明することには成功していない。最近では，格フレーム（case frame）[†]に基づき，効率よく前置詞の誤りの説明を記述する手法[122)]が提案されているが，依然，説明できる誤りの種類は多くな

† ここで格フレームとは，動詞がどのような名詞を項としてとりうるかということを記述した言語知識のようなものである。

い。一方で，未習の項目をどれだけ説明しても学習効果は低いであろうし，そもそも理由の説明が困難な誤りも少なからず存在する。

この課題は，4.1.1項で説明した効果的なフィードバックの提示方法というより，一般的な問題に帰着する。すなわち，どのような種類の誤りに対して，どのようなフィードバックを与えると学習支援として効果的かという，語学学習支援研究全般における大きなテーマである。文法誤りの種類によっては，誤りの理由が示されないと学習が困難なものもあるだろう。逆に，誤りがあるという事実を指摘するだけでも学習効果がある場合もあるかもしれない。例えば，「このエッセイ中には，主語と動詞の一致に関する誤りが3箇所あります。探し出して訂正しなさい。」というフィードバックは，(1) 主語と動詞のペアを探す，(2) 主語と動詞が一致しているか確認する，という活動を学習者に促すため，単に誤り箇所と訂正候補を提示するより，学習効果が高い可能性がある。

語学学習支援を目的とした文法誤り検出/訂正では，検出/訂正性能だけではなく，つねに，より高い学習効果のことを意識するべきであろう。従来の人手による添削がもたらす学習効果についてはさまざまな研究（文献12),36),142)など）がなされている。例えば，文献12) には，過去の知見がよくまとまっている。残念ながら，語学学習支援のための言語処理という観点からは，エッセイを対象とした文法誤り検出/訂正がどのような学習効果をもたらすかについては，わずかなことしかわかっていない。文献90) は，エッセイを対象にした文法誤り検出に関する情報をまとめたマイルストーン的な良書であるが，一般的なフィードバックと学習効果についての知見を述べた上で，文法誤り検出/訂正がもたらす学習効果について今後の研究が待たれることを指摘している。

実際のところ，文法誤り検出と文法誤り訂正のどちらのほうが学習効果が高いか，ということさえ明らかにされていない。特に議論されることなく文法誤り訂正が集中的に研究されているのが現状である†。「検出率と検出精度では検

† 理由は定かではないが，情報が多いほど学習効果が高いという（根拠のない）信念のためと予想される。また，文法誤り訂正のほうが，技術的要求が高い傾向にあるということもあるかもしれない。

出精度を重視すべきである」[115] というのが，ほとんど唯一といってよいこの分野での共通認識である。この共通認識にしても暫定的なものであり，今後研究を重ねていく必要がある。最近では，クラウドソーシングを用いた学習効果の測定方法の提案もなされている[94]。

一つの方向性としては，直接的に学習効果を高めるのではなく，文法誤り検出/訂正を書き直しのための動機付けとして利用することが考えられるであろう。なぜなら，書直しを行うことは学習効果を高めることが知られているからである。なんのフィードバックもなしに学習者一人で書直しを行うのはモチベーション的にハードルが高い場合もあるであろう。少量でもなんらかのフィードバックがあれば，書き直そうというモチベーションを高める可能性がある。その場合，文法誤りを網羅的に精度で検出/訂正する必要はなく，書き直そうという気が起こる程度にフィードバックを与えればよい（むしろ，大量のフィードバックはモチベーションを低下させるかもしれない）。

関連して，筆者が今後の研究成果を心待ちにしていることが一点ある。エッセイライティングにおける，直後フィードバックの効果である。フィードバックは，一般に，直後フィードバックと遅延フィードバックの 2 種類に分けることができる。前者は，学習者のアウトプットに対して直後にフィードバックを行う。後者は，ある一定の期間をおいてフィードバックを行う。エッセイライティングの場合，従来は，直後フィードバックは難しく，遅延フィードバックが基本であった†。しかしながら，文法誤り検出/訂正技術の発展により，エッセイライティングでも直後フィードバックが可能になりつつある。極端にいえば，学習者が一文を書いた時点で，すぐにフィードバックを与えることも可能である。これは，明らかに従来は存在しなかったフィードバック様式であり新たな可能性が期待できる。オーラルコミュニケーションでは，ある種の誤りに対して直後フィードバック（リキャスト）が有効であることが知られている。筆者

† エッセイの場合，内容を読み，フィードバックを書き込むという作業に時間がかかるためである。特に，複数人から成るクラスで，エッセイライティングにおいて直後フィードバックを行うのは困難であろう。そのため，直後フィードバックは，主にオーラルコミュニケーションで用いられる。

は，エッセイライティングにおいても直後フィードバックが有効である文法項目が少なからず存在していると予想している。

4.2　キーワード推薦

2.2.3 項で述べたように，学習者コーパスでは，母語話者コーパスに比べ，異なり語数が少ない傾向にある。使用される語彙はジャンルやトピックなどの影響を受けるため，この傾向が学習者の語彙力を直接反映しているとはかぎらないが，学習者，特に初級から中級の学習者は母語話者に比べ語彙が限られていることは間違いないであろう。また，意味は知っているが使用できない単語や表現もある。そのため，ライティング学習の際に，たくさん書けない，書きたいことが書けないという問題に直面することがある。4.1 節で紹介した文法誤り検出/訂正も，学習者が書くということを行ってはじめて効果を発揮する技術である。

本節では，この問題の解決策の一つとしてキーワード推薦を紹介する。この支援では，学習者が書いたエッセイを対象として，よりよく書き直せるようなキーワードを推薦する。具体的には，1) 学習者がエッセイライティングを行う，2) システムがキーワードを推薦する，3) 学習者は推薦されたキーワードを用いてエッセイを書き直す，という流れで学習活動は進む。この支援で狙う学習効果は，量と質共に，よりよいエッセイが書ける能力を養うことである。

以降では，筆者らが提案した手法[119] に基づいてキーワード推薦技術を説明する。この手法は，元々は日本人小学生を対象とした日本語の情報発信能力を向上させるための学習支援であるが，(1) 語学学習支援につながる部分がある，(2) シンプルな手法で実装が容易である，(3) 推薦されたキーワードに対して学習者が興味深い振舞いを見せる，という三つの理由から取り上げる。

〔1〕 タスク概要　すでに述べたように，ここで紹介する手法[119] は元々語学学習ではなく情報発信能力の向上を目的としたものである。そのため，タスク概要を述べる前に，学習の背景を確認しておこう。

現在では，小学校でもWebページの作成や掲示板への書込みなどの情報発信に関する教育が盛んに行われている。例えば，須田ら[160]は，小学生の情報発信を対象とした学習支援システムを提案しており，学習者は「おすすめメッセージ」と呼ばれる本の推薦文をブログの記事として書くという学習活動を行う。小学校5年生を対象とした実践の結果から，学習者は積極的に学習活動に取り組み，頻繁に情報発信を行うことが確認されている。

一方で，須田ら[160]は，学習者が発信する情報の質に大きな問題が残されていることも指摘している。学習者が発信する「おすすめメッセージ」には，ほとんど情報が含まれていないという傾向が非常に強い。典型例として，“おもしろいです。”や“楽しい本です。”などが挙げられる。これらは，どのような本にも当てはまり，本を推薦するメッセージとしてはほとんど情報がない。理想的には，学習者は，「おすすめメッセージ」にキーワードとなる語を含め，本の特色や面白い点など，受け手にとって価値のある情報を発信すべきである。

以上のように，ここでの学習活動は，1) 学習者が図書を選択する，2) その本を読む，3) 本を推薦する「おすすめメッセージ」をブログ上に発信する，というものである。この学習環境では，ブログ上に「おすすめメッセージ」を投稿するため，各学習者の「おすすめメッセージ」が言語データとして利用可能である。また，付随して推薦対象である本のタイトルおよび帯情報†も利用可能である。以上をまとめると，ここでの言語データの単位は1冊の本に対応しており，本のタイトル，その本に関する「おすすめメッセージ」の集合，その本の帯情報から成る。以降では，この言語データの単位のことを知識源と呼ぶことにする。

さて，タスク概要であるが，以上の問題を解決するために，学習者の発信した情報に対して，適応的にキーワードを推薦することで情報発信の学習を支援するというものになる。例えば，「桃太郎」を読んで“おもしろい。”と発信した学習者に対して，キーワード「桃，きびだんご，鬼」などを提示する。提示されたキーワードにより，学習者は，(a) 本の内容の思い出し，(b) 適切なキー

† 本の帯に書かれたキャッチコピーや概要のことである。帯情報は，購入することが可能である。

ワードの選択，(c)「おすすめメッセージ」の推敲，の 3 種類の活動を行うことになる。提示の候補となるキーワードは，知識源から収集する。

入力と出力はつぎのとおりである：

- 入力：本のタイトル，キーワード推薦対象である「おすすめメッセージ」
- 出力：キーワード

先ほどの「桃太郎」を例にとると，入出力はつぎのようになる：

- 入力：「桃太郎」,「おもしろい。」
- 出力：桃，きびだんご，鬼

なお，ここでは情報発信を例にしているが，入力の「本のタイトル」と「おすすめメッセージ」を，それぞれ「エッセイのタイトル」と「エッセイの内容」と読み替えることで，エッセイライティングを対象としたキーワード推薦となる。

タスク概要を締めくくるにあたり，本学習支援（キーワード推薦）で学習者に与える負荷とはなにかを確認しておこう（1.1 節で述べたように，語学学習における学習者支援では，学習者にどのような負荷を与えるのかが重要である)。第一義的には，学習者にエッセイを書き直させるという負荷を与えることになる。より正確には，推薦されたキーワードを用いてどのように書き直すのかを考えさせ，実際に書き直すという活動をさせるという負荷である。したがって，推薦するキーワードは，学習者の書直しを促進するようなものが好ましい。また，付随した負荷としては，適切なキーワードの選択とキーワードに関する言語的な情報の収集，理解がある。前者は，すでに書いたエッセイをよりよいものにするためには，推薦されたキーワードのうちどれを使うべきかということを考えるという活動である。後者は，キーワードに関して，意味，活用，文法的制約などを理解するという活動である。

〔**2**〕 **性能と実例**　　文献 119) の手法では，キーワードの推薦正解率は 66% である。推薦正解率とは，全推薦キーワード数に対する適切なキーワードの割合である。適切かどうかの判断は，本のタイトルと本の帯情報を参照して，主観で判断している。

この推薦正解率 66% というのは実用上高いのであろうか，低いのであろうか。

評価実験では，一度に三つのキーワードを推薦しているため，平均的に三つのうち二つは適切なキーワードであることを意味する。したがって，学習者は推薦された三つのキーワードから，適切なもの二つを選び出し，「おすすめメッセージ」を推敲（すいこう）することになる。その際には，本の内容の思い出し，キーワードの適切さの評価，「おすすめメッセージ」の内容との整合性の確認などの認知的負荷が学習者にかかり，適切なキーワードとはなにかを学習する効果があると期待できる。実際，文献119)は，学習者は児童（小学校高学年）ではあるが適切/不適切の判断を行い，適切なキーワードを選び出すことができると報告している。また，後述のように，選択したキーワードでよりよく「おすすめメッセージ」を書き換えることもできると報告している。さらに，学習者は，ある程度，推薦誤りが修正できることも確認されている。日本語を対象としているため，トークン同定の際に形態素解析が必要となるが，小学生の文章や小学生を対象とした本では，特殊な表現が多いため（例えば，ひらがなが多い），トークン同定に失敗する可能性が高い。例えば，「悟空」から誤分割された「悟」を見て，正しく「悟空」と復元している学習者が確認されている。以上の結果を考慮して，推薦正解率66%でも十分に学習支援として機能していると結論付けられている。比較実験が行われていないため断言はできないが，推薦正解率100%の手法よりも学習効果が高い可能性もある。なぜなら，推薦正解率が100%でない手法では，適切なキーワードの選択という認知的負荷が学習者に追加でかかるためである。

「おすすめメッセージ」の質の変化についての評価はつぎのとおりである。キーワードが推薦された131の「おすすめメッセージ」のうち22%について書換えが行われた。書換えが行われる割合が，それほど高くない理由として，評価実験における学習時間（授業時間）が45分であり，書換えのための時間が十分にとれなかったことが挙げられている。すなわち，45分の間に，学習者は，本の選択，読書，「おすすめメッセージ」の記述，「おすすめメッセージ」の発信，提示されたキーワードを利用した「おすすめメッセージ」の推敲，再発信のすべてを行わなければならないため，書換えに十分な時間がとれなかったと分析されている。さらに，学習者 3 人当り 1 台のパソコンを利用していたことも理由として挙げられている。

一方で，書換えが行われた「おすすめメッセージ」については，目覚しい改善が報告されている。まず，量的に大きな変化が見られた。書換え前の「おすすめメッセージ」は平均 19.9 文字であったのに対し，書換え後は，平均 35.7 文字まで増加した（有意水準 1%で有意，paired t–test）。推薦キーワードの大部分が 2〜3 文字から成ることを考慮すると，学習者は提示されたキーワードだけでなく，自分自身の言葉を加えて「おすすめメッセージ」を推敲しているといえる。また，書換え前後の「おすすめメッセージ」を小学校教諭二人が評価したところ，88%について改善が見られると判断された（残り 12%は，同程度よいと判断されたので，質が低下した「おすすめメッセージ」は一つもなかったことになる）。以上のことから，推薦キーワードにより，(a) 本の内容の思い出し，(b) 適切なキーワードの選択，(c)「おすすめメッセージ」の推敲，の 3 種類の学習活動が促進され，学習者に一定の学習効果があったと予想される†。

最後に，実際に推薦されたキーワードと学習者の振舞いを見ておこう。なお，以下の実例では，学習者の書いた「おすすめメッセージ」を原文のまま掲載している。そのため，誤字脱字や不自然な表現が「おすすめメッセージ」中に含まれる場合がある。

- 本のタイトル：西遊記
- 書換え前のメッセージ：いやーすごい。かっこいいです。
- 推薦キーワード：石，悟，絶対
- 書換え後のメッセージ：石から生まれた悟空さてどうなる。

この例では，キーワード「石」と「悟」から学習者はストーリーを思い出し，「おすすめメッセージ」をより情報のあるものに書き換えたことがわかる。別の実例では：

† このことを確かめるためには，一定時間たったのちに，キーワード推薦なしで情報発信を行っても，学習者が以前よりよい情報発信ができることを示さなければならない。文献 119) では，そこまでの評価は行われていない。

- 本のタイトル：（クイズテレビ番組を題材にした本）
- 書換え前のメッセージ：すごくむずかしいけど、たのしい
- 推薦キーワード：放送，ストレス，さまざま
- 書換え後のメッセージ：すごくむずいけどおもしろいし、テレビ放送されてない、のもあるからいいよ。たまに、楽しくてストレス解消ににるよ。それと、脳にもいいほんだよ。

のように，本に関する情報（テレビ放送されていないクイズの問題があること）を発信していることがわかる。

〔**3**〕 **理論と技術** 文献119) の手法では，単語に対してスコアを計算し，スコアが高いキーワードを推薦する。スコアの直感的な解釈は

$$\text{スコア} = \text{重要度} \times \text{関連度} \tag{4.13}$$

で与えられる。重要度とは，キーワードとしての適切さを表す。例えば，「本」という語は，大部分の「おすすめメッセージ」に出現するため，本を推薦するための特徴的なキーワードとはいえない。一方，「きびだんご」という語は，特定の本のみに出現し，本を特徴付ける重要度の高いキーワードである。一方，関連度とは，「おすすめメッセージ」とキーワード候補との関連の度合いである。例えば，「西遊記」について記述する際に，「きびだんご」を提示しても関連度が低いためよいキーワードとはならない。「西遊記」に対しては，関連度が高い「石，悟空」などを提示すべきである。

以上のアイデアを定式化するためつぎの記号を導入する。いま，N 個の知識源 $B_1, B_2, \cdots, B_N$ が与えられているとする†。これらの知識源から全部で M 種類の単語 $w_1, w_2, \cdots, w_M$ が得られたとする（以降では，これらの単語のことをキーワード候補と呼ぶことにする）。このとき，キーワード候補 w_i を含む知識源の数を n_i で表す。同様に，二つのキーワード候補 w_i と w_j を含む知識源の数を n_{ij} と表すとする。

余談になるが，よりよい理解のため上述の記号について少し補足しておこう。

† 知識源の定義については，上述「(1) タスク概要」を参照のこと。

n_i は，文書頻度と呼ばれる統計量に対応する。単語 w_i の頻度そのものではなく，単語 w_i を含む文書の数（ここでは知識源の数）である（章末問題【**4**】と【**5**】も参照のこと）。また，n_i を全文書数（または全知識源数）N で割った相対文書頻度 n_i/N は，単語 w_i が何割の文書に出現するかを表す。したがって，相対文書頻度は，単語がどの程度偏って出現するかを表す。例えば，$n_i/N = 1$ であれば，単語 w_i がすべての文書に出現するということであるので，偏りがまったくないことを意味する。逆に，相対文書頻度が 0 に近い値であれば，一部の文書のみに偏って出現することを意味する。

さて，以上の記号を用いてスコアを定義しよう。いま，ある児童が「おすすめメッセージ」を書き，その本文またはタイトルに単語 w_j が出現したとする。このとき，キーワード候補 w_i の「おすすめメッセージ」に対する関連度を，キーワード候補 w_i と単語 w_j の関連度で近似することにする。キーワード候補 w_i と w_j との関連度は

$$r(w_i, w_j) = \log \frac{\Pr(w_i, w_j)}{\Pr(w_i)\Pr(w_j)} \tag{4.14}$$

で定義する。ただし，$\Pr(w_i)$ と $\Pr(w_i, w_j)$ は，それぞれ w_i の生起確率と w_i と w_j の共起確率である。共起確率とは，二つの単語が共起（同時に出現）する確率のことである。共起の定義は，同一文内や同一文書内などさまざまなものを用いることができるが，この手法では，同一文書内（すなわち同一知識源内）とする。式 (4.14) は，自己相互情報量[21) と呼ばれる尺度で，語と語の関連度の定量化に用いられる（章末問題【**6**】）。

式 (4.14) の生起確率と共起確率は知識源から推定する。w_i の生起確率は

$$\Pr(w_i) = \frac{n_i}{N} \tag{4.15}$$

で推定することが可能である[†]。また，w_i と w_j の共起確率は

$$\Pr(w_i, w_j) = \frac{n_{ij}}{N} \tag{4.16}$$

で推定することが可能である。したがって，式 (4.14) は，頻繁に共起し，かつ

† 確率の推定は，さまざまな方法で行うことが可能である。確率の推定については文献 80) が詳しい。

単独での出現頻度が低い語の組合せに高い関連度を与える。

つぎに，キーワード候補 w_i の重要度を

$$a(w_i) = \log \frac{N}{n_i} \tag{4.17}$$

で定義する。式 (4.17) は，情報検索で索引語の重み付けに用いられる **IDF**[81)]（inversed document frequency）と呼ばれる尺度である。式 (4.17) は，少数の知識源のみに現れるキーワード候補に高い重要度を与える。

式 (4.13)，(4.14)，(4.17) を用いて，「おすすめメッセージ」，または，そのタイトルに単語 w_j が出現したときのキーワード候補 w_i のスコアを

$$s(w_i, w_j) = a(w_i) \times r(w_i, w_j) \tag{4.18}$$

で定義する。式 (4.18) の一つの解釈として，「おすすめメッセージ」に出現した単語 w_j が，スコア（確信度）$s(w_i, w_j)$ で，キーワード候補 w_i を推薦すると考えることができる。

一般に，「おすすめメッセージ」とそのタイトル中には，複数の単語が出現する。したがって，それらの単語から計算されるすべての $s(w_i, w_j)$ を考慮して，キーワードを提示する必要がある。そこで，$s(w_i, w_j)$ の重み付き和をとり最終的なスコアとする。重みは，キーワード候補の推薦元となる単語 w_j の重要度とする。すなわち，推薦元となる単語が重要であるほど，最終的なスコアに対する影響が大きいとする。以上より，最終的なスコアを

$$S(w_i) = \sum_{w_j \in W} o(w_j) a(w_j) s(w_i, w_j) \tag{4.19}$$

で定義する。ただし，W は対象とする「おすすめメッセージ」，およびそのタイトル中に出現した単語の集合を表す。また，$o(w_j)$ は，その中での w_j の出現回数とする。

学習支援の際には，式 (4.19) を利用してキーワードの推薦を行う。キーワード推薦による学習支援は，つぎの 3 ステップから成る：1)「おすすめメッセージ」とタイトルからの単語の抽出，2) スコアの計算，3) キーワードと学習支援メッセージの提示。

1) では，児童が書いた「おすすめメッセージ」およびそのタイトルから単語を抽出する。抽出には，形態素解析器を利用する。ここで抽出された単語が，キーワード候補の推薦元の単語となる。

2) では，抽出した単語に基づき，キーワード候補の最終的なスコア（式 (4.19)）を計算する。なお，最終的なスコアの計算に必要となる情報（式 (4.14)～(4.17)）は，知識源からあらかじめ計算しておくことが可能である。

3) では，計算したスコアに基づきキーワードを提示し，学習を支援する。スコアの高い順に，任意の数のキーワードを推薦する（文献 119) では三つ）。ただし，「おすすめメッセージ」にすでに含まれる語は推薦の対象とはしない。キーワードと共に推敲を促す学習支援メッセージも提示する。例えば，「桃太郎」を読んで“楽しい本です。”と書いた児童に，キーワード「桃，きびだんご，鬼」と共に，学習支援メッセージ『これらのキーワードを使って，おすすめメッセージを書き直してみよう。』を提示して推敲を促す。

〔4〕 実際的な情報　　文献 119) の手法は，シンプルであり，キーワード推薦正解率は 6 割程度とそれほど高くないが，学習支援としては一定の効果を発揮する。言い換えれば，完全なシステムでなくても学習支援になるという一例である。また，学習支援という観点からは，必ずしも複雑な手法でなくともよいことを示唆している。むしろ，シンプルな手法のほうが実装の面からは好ましい。

ただし，文献 119) が対象としているのは小学生高学年とはいえ母語話者であり，また学習対象が情報発信であることに注意する必要がある。上述の傾向が，語学学習支援においても成り立つかは十分に検討すべきであろう。小学生高学年であれば，母語の基本的な語彙と文法項目は習得しており，与えられたキーワードを活用したり，コロケーションの面で正しく使用したりすることはそれほど難しくないであろう†。一方で，語学学習者は，そのかぎりではない。また，語学学習は，文法，スタイル，語彙運用など情報発信とは異なる学習目的もも

† しかしながら，完全に言語獲得が終了しているわけではない。「〔2〕性能と実例」で見たように，児童が書いた文章には誤りや不自然な表現が含まれる。

つ。そのため，つぎの「〔5〕発展的内容」で述べるように，キーワードのフィルタリングや追加情報の提示などさらなる支援が必要である。

文法誤り検出/訂正と異なり，キーワード推薦技術が実用化されている例は少ないようである。前述のCASEC–WTでは，学習者が書いたエッセイに対してキーワードを推薦する機能がある。

〔5〕 発展的な内容　「〔3〕理論と技術」で，キーワード推薦のための基本的な手法を説明したが，さまざまな点で改良が可能である。ここでは，改良方法と関連文献を見ていこう。

文献119)の手法のように，統計量（単語の頻度と文書頻度）に基づいた手法では，統計量の信頼性が重要である。直感的な解釈としては，頻度が低いキーワード候補に対するスコアは信頼性が低いと言い換えられる†。

そこで，頻度が低いキーワード候補は，推薦対象から除外してしまうという手段がとられることがある。文献119)では，頻度3以下のキーワード候補は推薦対象外としている。さらに，低頻度な事象に対して確率の推定を工夫する手法もさまざまなものが知られている（文献80)が詳しい)。

逆に，低頻度なキーワード候補でも，積極的に推薦すべき単語もある。「おすすめメッセージ」のタイトル（すなわち，児童が読んだ本のタイトル）中の単語である。なぜなら，新聞の見出しなど文書のタイトルには重要キーワードが含まれることが知られているからである。タイトル中の単語を優先的に提示するためには，タイトル中の単語により高いスコアを与えればよい。例えば，タイトル中のキーワード候補 w_i に対しては

$$S(w_i) = \sum_{w_j \in W} o(w_j)a(w_j)s(w_i, w_j) + \alpha \tag{4.20}$$

のように，$+\alpha$ のスコアを与えればよい。文献119)では，経験的に $\alpha = 0.3$ と決定している。

さらに，語学学習の目的により推薦キーワードのフィルタリングを行うことも有効である。例えば，なんらかの知見により，学習者が，ある特定の品詞（例

† 極端な例としては，頻度0のキーワード候補に対してスコアが計算できない。

えば，形容詞）の使用に難しさを感じており，エッセイ中での使用が少ないということがわかったとしよう。その場合，推薦キーワードのうち形容詞を積極的に学習者に提示すればよいであろう。品詞の情報は，品詞解析により容易に得ることができる。さらに，学習を促すために意味や用法に関する情報を提示してもよいかもしれない。例えば，対訳辞書，格フレーム辞書，用例辞書の情報などを用いることができる。

文献119)の手法以外にも，さまざまなキーワード推薦手法が提案されている。例えば，教師付きの機械学習を利用してキーワードを抽出する研究[178)]がある。また，鄭ら[68)]とJungら[69)]は学習者が入力した単語に対する連想語を提示して，作文を支援するシステムを提案している。これらの手法は，文献119)の手法とは異なり，一連の連想語（コオロギ→親戚の家→セミ，など）を提示できるため，別の学習効果が期待できる。

4.3　この章のまとめ

本章では，ライティング学習支援として，文法誤り検出/訂正とキーワード推薦を紹介した。文法誤り検出/訂正は，さらに，訳文を対象にした場合と自由記述文を対象にした場合とに分けて紹介した。

訳文を対象にした文法誤り検出/訂正では，いかに効率よく正解候補となる訳文を生成するかということが技術的課題になることを述べた。現状でも，ある程度技術が確立しており実用化も進んでいる。今後は，正解候補の自動/半自動生成に関する研究へ移行すると予想される。また，より詳細なフィードバックを生成することも今後の課題である。

自由記述文を対象にした文法誤り検出/訂正では，検出/訂正規則の獲得というのが技術的課題の中心となることを述べた。具体的には，人手による作成，言語モデルに基づいた手法，分類器に基づいた手法，統計的機械翻訳に基づいた手法を紹介した。もちろん，本章で紹介した手法がすべてではない。自由記述文を対象にした文法誤り検出/訂正は，語学学習支援のための言語処理の中で最も研究されているタスクの一つであり，本章で紹介した手法以外にもさまざまな手法がある。最近では，ACL や COLING などの国際会議でも自由記述文を対象にした文法誤り検出/訂正に関する発表をよく目にするようになった。これらの国際会議に加え，文法誤り検出/訂正を対象にした shared task (Helping Our Own[25)], The CoNLL Shared Task on Grammatical Error Correction[128), 129)], Error Detection and Correction Workshop[†]）の研究発表が参考になる。また，英語以外の言語を対象にした文法誤り検出/訂正に関する shared task も開催されている（例：The Second QALB Shared Task on Automatic Text Correction for Arabic[144)] や the NLP–TEA 2015 Shared Task for Chinese Grammatical Error Diagnosis[91)]）。

また，別のライティング学習支援としてキーワード推薦も説明した。比較的単純な手法に基づくにもかかわらず，書換えのための支援となることを紹介した。また，フィードバックとして与える情報にある程度ノイズが含まれていても（少なくともある学習環境下では），学習効果があることも紹介した。

章　末　問　題

【1】 BUD で表記された正解データ “I went fishing [in, at] the lake (yesterday).” を展開して得られる正解候補文をすべて列挙せよ。また，BUD で表記された一つの正解データが，M 個の省略可能要素，N 個の語句を含む交換可能要素が L 個あるとき，得られる正解候補文の数を求めよ。

【2】 西村ら[130)] の手法で用いられる二文間の近さを測るアルゴリズムに対応する疑似コードを示せ。

【3】 自由記述作文を対象とした文法誤り検出/訂正においては，前処理として入力文章をトークンに分割してから，検出/訂正処理を行うことが多い。一方で，最終的に，検出/訂正結果を学習者に提示する際には，分割したトークンを連結し，適切な数の空白を挿入することで，元の文章を復元する処理が必要となる。このためのアルゴリズム例を示せ。また，そのアルゴリズムの空間的計算量を答えよ。

---

† https://sites.google.com/site/edcw2012/

【4】 いま，単語 w_i の出現頻度と文書頻度を，それぞれ f_i と n_i とする。また，総文書数を N とする。このとき，n_i がとりうる範囲を，f_i と N を用いて表せ。

【5】 いま，四つの文書 “I made cheese cake.”，“You ate chocolate cake.”，“She ate lemon cake.”，“He ate cheese cake and lemon cake.” が与えられたとき，“cheese”，“chocolate”，“cake” の頻度，文書頻度，IDF 値をそれぞれ求めよ。また，共起の定義を同一文書内として，“I” と “made” および “cheese” と “cake” の自己相互情報量を求めよ。ただし，いずれの場合も，log の底は 2 とせよ。

【6】 自己相互情報量が 0 となる条件を求めよ。また，そのときの自己相互情報量の意味を考察せよ。

【7】 つぎの評価データと検出結果に対して，検出率，検出精度，F_1値 を求めよ：

- 評価データ：I went <at>a</at> fishing in a lake last week. I found the place in <at></at> magazine.
- 検出結果： I went <at>a</at> fishing in <at>a</at> lake last week. I found <at>the</at> place in magazine.

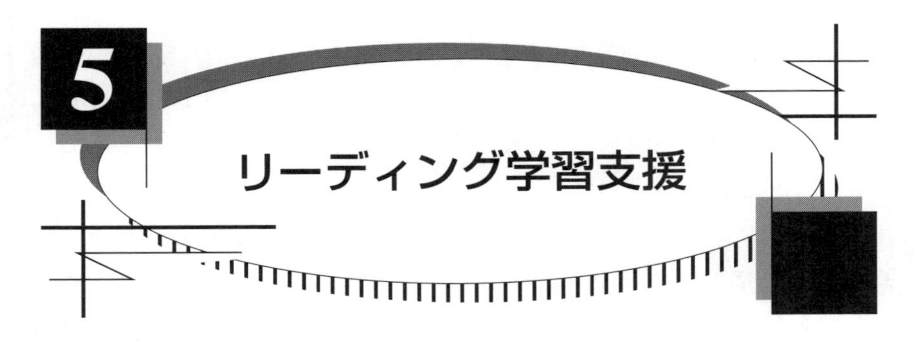

5 リーディング学習支援

筆者は，フランス語の語彙が圧倒的に少ないため，フランス語で会話をしていると，相手が気を遣い，難しい語をやさしい語に言い換えてくれることがよくある。ずいぶん以前のことであるが（以前のことすぎてなんの話をしていたのか思い出せないが），“boite” という単語がわからず，話がうまくかみ合わないことがあった。すると相手は，“entreprise” と言い換えてくれた。そのおかげで，「会社」のことだとわかり，無事会話をつづけられた。

このように，難しい単語を言い換えてもらうと，記憶に残りやすく，語彙の獲得を促進する。上の “boite” の例では，なんの話をしていたのかはもう覚えていないのに，“boite”＝“entreprise” という関係は記憶にしっかり定着している。ちなみに，“boite” には「箱」という意味もあり，その話をしていた時点でもその意味は知っていたのだが，逆に，この知識が邪魔をして相手の発話の理解を妨げていた。このことは，同じ単語でも，その意味と文脈に応じて理解できるかどうかが変わることを示唆する。また，文脈に応じて言い換えなければならないことも示唆する。

さて，前置きが長くなってしまったが，本章で取り扱うのは正にこのようなテーマである。具体的には，読解教材などの文章中の難しい語（難解語）を見つけ出し，やさしい語に言い換えるタスクに取り組む。母語話者が自然に行うこれらの行為を言語処理でどのように実現するか紹介することにしよう。

5.1 難解語の同定

〔1〕 タスク概要　学習者の読解を妨げる要因にはさまざまなものが考えられるが，一つの大きな要因に**難解語**がある。難解語が多すぎる文章は，読解学習のための教材としては不適切であろう。また，逆に，平易な語しか含まな

い文章も，学習者に認知的負荷をかけるという観点からは学習に適さない場合もある。そのため，読解教材中の難解語を把握することは大切である。このような状況で，文章中の難解語を自動的に判定する技術は，読解学習支援において要素技術的な役割を果たす。

難解語かどうかを判定する技術は，**難解語同定**（complex word identification, **CWI**）と呼ばれる。ある語が難解語となるかどうかは，個人の語学力に左右されるであろう。特に，読解学習支援を想定すると学習者の語彙力が重要な要因となる。しかしながら，ここでは，従来研究の慣習に従い，難解語同定を「与えられた文中のある単語の意味を非母語話者が理解できるかどうかを判定するタスク」と定義する。

この定義に従うと，難解語同定の入出力は

- 入力：難解語かどうかの判定対象の語（対象語）と対象語が出現する文（対象文）
- 出力：難解語かどうかを表す 2 値

として与えられる。この入出力からわかるように，難解語同定は，単語と文を入力にした，2 値分類問題となる。

〔**2**〕 **性能と実例**　　上で述べたように，難解語同定は分類問題として定義されるため，他の分類問題と同様に，正解率（accuracy），再現率（recall），適合率（precision）で性能を評価することが多い。また，再現率と適合率の両方を考慮した F_1 値も用いられる。加えて，正解率と再現率の両方を考慮した G 値も用いられる。G 値は，正解率と再現率の調和平均として定義される（F_1 値は，再現率と適合率の調和平均である）。これは，難解語の同定では，false negative と false positive をできるだけ減らす，かつ，true positive を増やすことが求められるためである。前者は正解率で，後者は適合率で測定される。

難解語同定の性能評価については，「SemEval 2016 Task 11：Complex Word Identification」[136] という評価型ワークショップの結果が参考になる。同ワークショップの結果報告[136] には，さまざまな手法の性能が記載されている。その中で，最も性能がよかったシステム（SV000gg–Soft）[137] の性能は，G 値が

0.774，F_1 値が 0.246 であると報告されている。

語学学習支援を対象にした難解語同定の実用システムとしては，「リーディング チュウ太」[†1]がある。また，「介護単語 808」[132] という介護福祉士候補生のための難易度付き語彙リストも公開されている[†2]。Wikipedia の文章を平易化した Simple Wikipedia のデータ[22)†3]は難解語の同定に関する研究において有益である。個別の学習者に特化した単語の難易度に関するデータ[†4]や日本語の大規模な単語難易度辞書[†5]も公開されたものがある。

〔3〕 理論と技術　難解語同定の一つの有効な方法は，あらかじめ平易語または難解語を辞書に登録しておく方法である。タスク定義に従い「非母語話者が意味を理解できる/できない単語」を辞書に登録しておくことで，難解語同定を辞書引き問題として解くことができる。しかしながら，この方法では，どのようにあらかじめ辞書を作成するかという問題が残る。これについては，平易な文章（例えば，前述の Simple Wikipedia）に出現する単語を平易語とすることで平易語辞書を作成する方法がある。別の問題として，同じ単語でも文脈により，難解語にも平易語にもなり得るということがある。辞書のみでは文脈に応じた判定は行えない。

文脈に応じた判定を行うための方法として分類器の利用がある。すでに述べたように，難解語同定は，2 値分類問題として解ける。入力として与えられる対象語と対象文から得られる情報に基づいて，分類器の訓練を行う。分類器としては，SVM や対数線形モデルなどを用いることができる。

判定のための情報，すなわち分類のための素性としては，単語の難しさに関係したものを用いるべきである。素性は，対象語そのものに関する情報と対象文に関する情報の 2 種類に大別される。

対象語そのものに関する情報としては，頻度，長さ，語義数，類義語数など

---

†1 http://language.tiu.ac.jp/
†2 http://chuta.jp/
†3 http://www.cs.pomona.edu/~dkauchak/simplification/
†4 http://vocabularyprediction.com/
†5 https://github.com/tmu-nlp/simple-jppdb/

が用いられる。頻度が低い単語ほど難解語になりやすいというのは直観に合うであろう。実際，さまざまな素性の中で，頻度が最も信頼性が高いとの報告[136]がある。単語の長さも難易度に関係があることが知られている[77]。一口に単語の長さといっても，さまざまな定義が考えられるが，単語内の文字数やシラブル数が用いられることが多い。語義数，類義語数については，WordNet[35]や日本語語彙大系[55]などの辞書から得ることができる。

対象語と対象文両方に関する情報としては，言語モデルから得られる確率，対象語の品詞，対象語周辺文脈の品詞列などが用いられる。言語モデルから得られる確率は，対象文中での対象語の出現可能性を表す。直観的には，確率が低いほど，その文脈で対象語が使われる可能性は低くなるため，難易度が高いといえる。また，表層が同じ対象語でも，使用される品詞により難易度が変わることもある。例えば，“will” という単語は，助動詞としては頻繁に使用される基本語彙であるが，名詞で使用されることは相対的に少なく難易度も高いであろう。したがって，品詞情報も対象語の難易度に関わる。

〔4〕 **実際的な情報**　　ここまで，難解語同定の理論と技術を説明してきたが，読解学習支援に応用するためには，読解対象文章中のすべての単語に対して難解語同定を行わなければならない。ここで難しいのは，どの程度までの難解語を許容するかということである。難解語が多すぎると読解教材としては適さないのは明らかである。難解語が文章全体の 5%以上になると内容を理解できないという報告[89]がある。ただし，同文献では，実験参加者は，第二言語習得者であり語学学習者ではないため，この値は低くなる可能性もある†。一方，適切な量の難解語は読解学習として必要な場面もある。知らない単語を辞書を引きながら，文章を読むというのは読解学習の一つの効果的な方法である。また，難解語をまったく含まない文章も読解学習において必要になる場合もあるであろう。どれくらいの難解語を許容するか，どのように難解語同定を読解学習支援に応用するかということについて，言語処理的な立場からの研究は多くなく，これからの研究成果が待たれる。

† 第二言語習得と語学学習の違いは，1 章を参照のこと。

「〔3〕理論と技術」では，一単語の難易度を考えてきたが，実際の文章では複数の単語からなる連語の難易度も問題になる。例えば，“natural”，“language”，“processing” という個々の単語は難解語でなくとも，それら三つが合わさると専門用語になり，難解語となる可能性がある。この問題を解決するためには，**複合語**（multi–word expression）の同定も必要となる。関連して，日本語のように，単語境界が明確でない言語では，難解語同定において単語分割の基準に注意が必要である。同じ文章でも，単語分割により，難解語同定の判定結果が変わるからである。

〔5〕 発展的内容　最初に少し触れたように，ある語が難解語となるかどうかは，学習者の語彙力に依存する。「SemEval 2016 Task 11:Complex Word Identification」[136] のように，対象として非母語話者一般を想定することも可能であるが，語学学習支援では，多くの場合，個別の学習者が興味の対象となる。したがって，難解語同定も個々の学習者の語彙力に応じて行えることが好ましい。

個々の学習者の語彙力に応じた難解語同定には，学習者の語彙力に関する情報が入力として必要となることは明らかであろう。例えば，学習者の学年などである。その場合，分類器を学年別に用意することで，学年に応じた難解語同定を行うことができる。これは，学年別に訓練データを作成することで実現可能である。

レベルをより正確に個別の学習者に適応させることも可能である。例えば，対象学習者に単語リストを提示し，意味を知っているかどうかを問うことで，対象学習者の語彙力に関する情報が得られる。この情報に基づいて語彙力を推定するわけである。また，同様な情報を複数の学習者に対して収集したものは訓練データとなる。このような問題設定で難解語同定を行う研究は，江原らの一連の研究[30)〜32)] が詳しい。例えば，文献 31) で提案されている手法では，個別の学習者に特化した単語の難易度が推定可能である。

5.2　難解語の言い換え

〔1〕 タスク概要　　難解語に対する支援の一つに言い換え処理がある。すなわち，学習者が理解できない語句を別の平易な語句に言い換える処理である。言い換えには，単に難解語の意味を学習者の母語で示すのとは異なる効果が期待できる。例えば，難解語と平易語を関連付けて学習することができる。また，学習者の言い換え能力を育成する効果もあるであろう。英語学習における学習者向け英英辞典の使用目的の一つは，正にこのような効果を狙ったものであろう。

言い換え処理の入出力は

- 入力：言い換えの対象となる文（対象文）
- 出力：言い換えた語（言い換え語）

として与えられる。または，5.1 節で述べた「難しい語句の同定」などで得られた難解語を入力として与える場合もある。その場合

- 入力：言い換えたい難解語（対象語）と対象語が出現する文（対象文）
- 出力：言い換えた語（言い換え語）

として与えられる。また，出力は，対象語を言い換え語に置き換えた文とすることもできる。入出力の具体例を示すと

- 入力：The Association for Natural Language Processing was **established** in 1994.
- 出力：The Association for Natural Language Processing was **started** in 1994.

のようになる（太字で示した単語が対象語と言い換え語になる）。別の例：

- 入力：The distinction was **established** in 1994.
- 出力：The distinction was **made** in 1994.

では，同じ対象語 “established” が表層上よく似た対象文に出現しているが，別の語 “made” に言い換えられている。以上の二つの例からわかるように，文脈に応じた言い換え処理が必要となる。

〔2〕 **性能と実例** 難解語の言い換えにおける性能評価に，人間の言い換え結果とシステムの言い換え結果を直接比較する方法がある。すなわち，人間の言い換えをシステムがどの程度正確に再現できるかにより性能を評価する。具体的には，評価尺度として，言い換え率（再現率に相当）と言い換え精度（適合率に相当）が用いられる。適合率と再現率は，すでに何度も登場しているが念のため，**言い換え率**（R）と**言い換え精度**（P）として定義を再掲しておこう：

$$R = \frac{\text{システムと人間で共通する言い換えの数}}{\text{人間が言い換えた語の数}} \tag{5.1}$$

$$P = \frac{\text{システムと人間で共通する言い換えの数}}{\text{システムが言い換えた語の数}} \tag{5.2}$$

である。

表 5.1 に，文献 43) から抜粋した，一単語言い換えにおける言い換え率と言い換え精度を示す。なお，同文献では，言い換え率を “accuracy”，言い換え精度を “precision” と表記していることに注意されたい。また，表 5.1 中の各手法については，「〔3〕理論と技術」で説明する。評価対象データは，500 文（言い換えは各 1 箇所）に対する 50 人分の言い換え，計 25 000 個の言い換えである。

表 5.1 一単語言い換えにおける言い換え率と言い換え精度（文献 43) より一部抜粋）

手　法	言い換え率	言い換え精度
Biran らの手法[10)]	0.034	0.714
Horn らの手法[53)]	0.663	0.761
Glavaš らの手法[43)]	0.682	0.710

上の評価は，言い換えが人間の言い換えにどれくらい近いかということで手法の性能を測定するが，別の観点からの評価もある。具体的には，(i) **平易さ**（simplicity），(ii) **文法性**（grammaticality），(iii) **意味の保持**（meaning preservation）の三つの観点から評価することが多い。「平易さ」では，言い換え前に比べて言い換え後の文が平易になっているかどうかを評価する[†]。「文法

† または，対象とする学習者にとって言い換えが十分に平易かどうかで評価することも可能である。ただし，従来研究では，上の観点で評価することが多いようである。

性」とは，言い換えた文が文法的に適格かどうかを表す。言い換えは文の書換えを行うため，文法的に正しくない文ができあがる可能性がある。そのため，文法性の評価により，文法的に適格であるかどうかを評価する。「意味の保持」は，言い換え後の文が言い換え前と類似した意味を保持しているかを評価する。言い換えによっては，文法的に正しく，より平易ではあるが，元の文とは意味が異なってしまうこともある。したがって，言い換え前後で意味が保持されているかどうかを評価することも重要である。これら 3 種類の観点について，5 段階評価などで主観評価することが多い。

表 5.2 に，3 種類の観点からの言い換え性能を示す。評価対象は，Wikipedia から抽出した 80 文である（これが表中の「原文」に相当）。「人手による言い換え」は，Simple Wikipedia 中の対応する文に対する評価である。評価者二人による 5 段階評価（5 が最もよい）の平均を評価値としている。なお，すべての文において，言い換えが行われたわけではないことに注意が必要である（言い換えられた文の割合は，「言い換え率」として表した）。

表 5.2 一単語言い換えにおける 3 種類の観点からの性能評価（文献 43) より一部抜粋）

言い換えの種類	平易さ	文法性	意味の保持	言い換え率
原　文	3.36	4.90	–	–
人手による言い換え	3.95	4.83	4.71	76.3%
Biran らの手法[10)]	3.24	4.63	4.65	17.5%
Glavaš らの手法[43)]	3.76	4.60	4.13	68.6%

言い換えのデモシステムとして，「語彙平易化システム[†1]」や「チュウ太のやさしくなーれ[†2]」[74)] などがある。また，Biran ら[10)] の手法のソースコード[†3]が公開されている。さらに，語彙平易化システム構築のためのフレームワーク[135)][†4]も利用可能であるとされている。後述する Horn らの手法[53)] では，パラレルコー

[†1] http://moguranosenshi.sakura.ne.jp/lexical_simplification/
[†2] http://yasashii.overworks.jp/
[†3] http://www.cs.columbia.edu/~orb/code_data.html
[†4] http://ghpaetzold.github.io/LEXenstein/

パスの単語単位でのアライメントが必要となるが，これには GIZA++[†1]などのツールを用いることができる。

言い換え処理に関連するいくつかの言語資源も公開されている。5.1 節でも紹介した Simple Wikipedia のデータ[22)][†2]は，言い換え処理においても重要な役割を果たすであろう。また，Simple Wikipedia と通常の Wikipedia とを文単位でアライメントしたデータ[†3]も公開されている（このデータの詳細は，文献 70) が詳しい)。文献 138) で紹介されている言い換え規則および評価データも利用可能である[†4]。日本語の平易な言い換えのための辞書も公開されている[†5]。

〔3〕 **理論と技術**　難解語の言い換えは，(i) 言い換え規則の獲得と，(ii) 言い換え規則の適用，の二つの処理に分けられることが多い。言い換え規則の獲得は，対象語がどのような語に言い換えられるか，という規則の集合を獲得する処理である。言い換え規則の適用では，獲得された規則のうち，どの規則を使用するかを決定する。決定の際には，「〔2〕性能と実例」で説明した平易さ，文法性，意味の保持の三つの要件を満たすような言い換え規則が好ましい。

言い換え規則の獲得は，シソーラスやコーパスから行うことが多い。単純な方法として，シソーラス中の類義語を対象語の言い換えとすることで，言い換え規則を生成することができる。例えば，“establish” の類義語に，“start” という語があれば，“establish → start” のような規則とすることができる。単に，すべての類義語を言い換え規則とすると平易な言い換え以外も含んでしまうため，なんらかのフィルタリングを行う必要がある。よく用いられるのは，頻度によるフィルタリングである。すなわち，頻度が高い語ほど平易であるという考えに基づいたフィルタリングである。また，言い換え語の長さ（文字数，音節数など）でも同様な効果が得られる。さらに，言い換え語の頻度と長さを組み合わせることもできる（例えば，両者の積をとる)。これら二つの要因を平易さ

---

†1 http://www.statmt.org/moses/giza/GIZA++.html
†2 http://www.cs.pomona.edu/~dkauchak/simplification/
†3 https://github.com/tmu-nlp/sscorpus
†4 http://www.seas.upenn.edu/~nlp/resources/simple-ppdb.tgz
†5 https://github.com/tmu-nlp/simple-jppdb/

の尺度とするのは，5.1 節で説明した難解語の同定の場合と同じ考えに基づく。

より広範囲な言い換え規則を獲得するため，パラレルコーパスに基づいた手法も提案されている。Biran ら[10] は，パラレルコーパス（通常の Wikipedia と Simple Wikipedia）から，語の類似度を算出し，言い換え規則を獲得する手法を提案している。同手法では，単語のベクトル表現を利用する（単語のベクトル表現については文献 168) が詳しい）。通常の Wikipedia と Simple Wikipedia，それぞれから，すべての単語についてベクトル表現を得る。その結果を用いると，通常の Wikipedia から得られた単語ベクトルに類似した Simple Wikipedia の単語ベクトルを見つけることができる。類似度は，例えば，ベクトル間の余弦類似度などを用いる。類似度の高い単語の組合せが，言い換え規則となる。ただし，シソーラスに基づいた手法と同様に，平易な言い換えとなるように，なんらかのフィルタリングが必要となる。Horn ら[53] は，単語単位の対応付け（アライメント，alignment）をとることで，より質の高い言い換え規則をパラレルコーパスから獲得する手法を提案している。

言い換え規則の適用は，すでに述べたように三つの要因（平易さ，文法性，意味の保持）を考慮して行う。このサブタスクは，与えられた言い換え規則を適用するかどうかの 2 値分類問題として，または，複数の言い換え規則をそのよさの順にランキングする問題として定式化可能である。いずれの場合も分類問題として扱うことができる。したがって，三つの要因を反映した素性を設計し，分類器により言い換え規則を選択する問題となる。従来手法[10),43),53] では，言い換え語の出現確率（または出現頻度），言い換え語の長さ，言い換えによる情報利得（この三つは平易さに関わる素性），得られる言い換えた文に対する言語モデルの確率（文法性に関わる素性），対象語が言い換え語に言い換えられる条件付き確率（平易さおよび意味の保持に関わる素性），対象語と言い換え語の類似度（意味の保持に関わる素性）などが用いられている。これらの素性を入力とする分類器を訓練することで，言い換え規則を適用するかどうかの決定，または言い換え規則のランキングを行う。また，分類器の訓練ではなく，これらの素性を適当に組み合わせて言い換え規則の優先度を決定するスコアとしてもよい。例えば，各素性を掛け合わせたものをスコアとすることができる。

〔4〕 実際的な情報　難解語同定のところでも述べたが，言い換え処理についても学習効果について考えることは大切である。従来研究の言い換え処理の応用先として語学学習支援が挙がってはいるが，筆者が知るかぎり，どのように言い換え処理を応用するのか，また，どのような学習効果を期待するのか詳細に論じた研究報告はない。

言い換え処理で特に問題となるのは，難解語のうちどの語を言い換えるかということである。同様な問題が，他のタスク，例えば文法誤り検出においても存在するが，難解語の同定や言い換えを利用した読解学習支援では特に重要になる。なぜなら，すべての語を平易な語に言い換えることが，必ずしも学習効果につながるわけではないと予想されるからである†。もちろん平易な語のみからなる読解教材が必要になる場面もあるだろうが，読解の練習をするためには多くの場合，難しい語，表現，構文などが適宜必要になる。これが，文法誤り検出であれば，とりあえずすべての誤りを検出して学習者に修正させるということで，少なくともなんらかの学習効果が期待できる。一方で，やさしい文章だけを読んでいるだけでは，より難しい文章を読めるようにはならないであろう。

以上の背景を考慮すると，難解語のうち，どの程度の量をどのように言い換えると学習効果が高くなるのかという知見を，今後蓄積していく必要がある。それには，適切な難解語の割合，言い換える頻度，より学習効果が高くなる言い換え語を明らかにする必要があるであろう。

そもそも，文章をたくさん読むと読解能力が向上するというのは，それほど自明なことではない。文章を読むことで学習効果を得るためには，適切な学習環境が必要であることが知られている。この辺りの議論については，（主に母語の習得を対象にはしているが）文献56) が詳しく，読解学習支援のための言語処理への示唆にも富む。

〔5〕 発展的な内容　「〔3〕理論と技術」で紹介した言い換え候補の獲得手法は，シソーラスやパラレルコーパスが利用可能であることを前提条件とす

† これが，読解支援であればすべての難解語を平易な語に言い換えればよい。

るため，そのような知識源がない言語には適用できない。特に，通常の文と平易化した文をペアにしたパラレルコーパスは限られている。

そこで，パラレルコーパスを用いずに言い換え規則を獲得する手法の研究がなされている。近年では，単語の分布類似度を利用した手法[43),134)]が主流である。単語の分布類似度を用いることで，パラレルコーパスなしでも，対象語と言い換え語の類似度を求めことができる。必要となるのは（パラレルでない）通常のコーパスのみである。対象語と言い換え語の類似度さえ求められれば，パラレルコーパスから対象語と言い換え語のペアを抽出する必要はない。残りの処理については，パラレルコーパスを用いる Biran らの手法[10)]などと同様な手順が適用可能である。ただし，単語の分布類似度に基づいて抽出した類義語は，必ずしも意味的に類似しているとはかぎらないので注意が必要である。例えば，“good” と “bad” のような反義語も単語の分布類似度に基づくと類似度が高くなる傾向にある。したがって，なんらかのフィルタリングが必要となる。

ここまで，一単語対一単語の言い換えを対象にしてきたが，一般には，より大きな単位での言い換えも言い換えタスクに含まれる。例えば，句の言い換え，構文の言い換えがある。より大きな単位での言い換えは，一単語対一単語の言い換えとは異なる，おそらく，より高い学習効果が期待できる。一方で，より大きな単位での言い換えは，技術的に難しくなる傾向にある。そのため，一単語対一単語の言い換えに比べて研究は少ない。文献 138) の言い換え規則は句にも対応している。また，言い換えを翻訳と捉えることで，より大きな単位での言い換えを試みる方法もある。言い換えの入出力を見るとわかるように，言い換え処理は，言い換え前と言い換え後の文を対とした翻訳とみなせる。したがって，4.1.2 項で説明した統計的機械翻訳の枠組みで言い換え問題を解くことができる。その場合，句や構文の言い換えも翻訳として自然に定義される。文献 22) に，統計的機械翻訳の枠組みで言い換え問題を解く方法が提案されている。

5.3 この章のまとめ

本章では，読解学習支援として，難解語同定と言い換えを紹介した。いずれのタスクも，分類問題として定式化できることを見た。また，分類の際に必要となる，情報（素性）を紹介した。難解語同定では，語の頻度，長さ，品詞，文中での出現確率などが，言い換えでは，これに加えて，文法性と意味の保持に関わる素性も必要となることを述べた。他のタスクと同様に，難解語同定と言い換えに関連した知識源（辞書やコーパス）が整備されてきており，今後，さらなる発展が期待される。

章　末　問　題

【1】 いま，ある難解語同定システムの出力結果がつぎのように与えられているとする：

The first sense of tiger in WordNet is an **audacious** person whereas the **carnivorous** animal sense might be more common.

下線部が，システムが難解語と判定した単語である。また，正解の単語（真に難解語である単語）は太字で示されている。このとき，難解語同定の正解率（accuracy），再現率（recall），適合率（precision）および G 値を求めよ。

【2】 小学生向けにつぎの文の難解語を同定せよ。また，第二言語学習者向けに難解語を同定せよ。

マクドナルドのポテトは安価でたっぷり食べられる。

【3】 つぎの言い換え結果に対する，言い換え率（recall）と言い換え精度（precision）を求めよ。ただし，単語境界は␣で示している。

入力文： 難解␣な␣表現␣を␣平易␣な␣同義␣表現␣に␣変換␣する

システムの言い換え： 困難␣な␣表現␣を␣簡単␣な␣意味␣表現␣に␣変換␣する

人間の言い換え： 難しい␣表現␣を␣簡単␣な␣意味␣表現␣に␣変える

【4】 前問のシステムの言い換えと人間の言い換えのそれぞれを平易さ（simplicity），文法性（grammaticality），意味の保持（meaning preservation）の観点から

主観で5段階評価（5が最もよいとする）せよ。

【5】 Wikipedia および Simple Wikipedia†の「Plagiarism」の項目から抽出された以下のパラレルコーパスから言い換え規則を獲得せよ。

通常文　Plagiarism is the use or close imitation of the language and thoughts of another author and the representation of them as one's own original work.

平易文　Plagiarism is copying another person's ideas, words or writing and pretending that they are one's own work.

† 2017年3月13日アクセス。

小学校 1 年生のときである。少し大きすぎる机の上に，丁寧に角をそろえられて高く積まれた教科書。漢字ドリルと計算ドリルは赤青の対比が目に眩(まぶ)しい。真新しい印刷のかすかな香りがこれから開かれるであろう新しい世界に対する期待を膨らませる。これが，私が教材というものを初めて意識的に認識した瞬間である。

丁寧につくり込まれた教材は美しい。知識と経験に基づいて，適切な学習項目を選び出し，整理分類し，学習効果を最大限に引き出すよう最適な順番に並べ替える。そのレールの上に，必要な要素 — 説明文，資料，問題など — を配置していく。できあがる教材は，芸術美と機能美を兼ね備える。

この章では教材作成支援を取り扱う。容易に想像できることであるが，現状の技術で上述のような美しい教材を自動的に生成することは困難である。人間が作成する教材にどこまで迫れるかというのは，語学学習支援のための言語処理の一つの大きな挑戦である。一方で，大量データの処理や同じ処理の繰返しは計算機が得意とすることであり，この点を教材作成にも生かすことができる。その例として，本章では，スラッシュ・リーディング教材生成，英語のリズム学習用教材の生成，穴埋め問題生成を説明しよう。

6.1　スラッシュ・リーディング教材生成

〔1〕 タスク概要　教材生成の一つの例として，まずスラッシュ・リーディング教材生成を取り上げる。**スラッシュ・リーディング**とは，英文読解学習法の一つである。スラッシュ・リーディングでは，意味のかたまりごとにスラッシュ（/）で区切られた英文を読解教材として用いる。例えば，つぎのようなスラッシュ入りの英文：

I was reading a paper over coffee / at one table / when I saw the girl. /

が用いられる。スラッシュで区切られた区間はセグメントと呼ばれる。例えば，“I was reading a paper over coffee” や “at one table” などは**セグメント**である。学習者は，セグメント間の返り読みを極力行わず，各セグメントの意味を順につなげるようにして文の理解を行う。このような学習活動を繰り返すことにより，英文を元の語順のまま理解する能力が養われる。また，返り読みが減少するため，読解スピードを高めることにもつながる。

スラッシュ・リーディングは効果的な学習法であるが，その利用には課題もある。上述のように，スラッシュ・リーディングでは，スラッシュ入りの英文という専用の読解教材を必要とする。従来のスラッシュ・リーディング教材の作成では，専門家が英文を読み，一文ずつスラッシュを人手で挿入する。スラッシュの挿入には大まかな方針はあるものの厳密な規則は存在しないため，英文の内容に応じて作業者の主観でスラッシュを挿入する必要がある。そのため，スラッシュ・リーディング教材の作成は時間とコストを要する作業となる。これらの課題のため，スラッシュ・リーディング教材の量が十分でないことが指摘されている[185)]。関連して，任意の英文を教材とすることが難しいという問題もある。例えば，最近では，良質の英文を無料で Web から入手できるが[†]，スラッシュが挿入されていないため，そのままではスラッシュ・リーディングに用いることができない。逆にいうと，なんらかの方法でスラッシュを挿入できれば，スラッシュ・リーディングの適用範囲が大きく広がることになる。

この問題を解決するのがスラッシュ・リーディング教材生成である。すなわち，与えられた英文にスラッシュを自動的に挿入することでスラッシュ・リーディング教材を生成する。

入力と出力はつぎのとおりである：

- 入力：英語の文章
- 出力：スラッシュ入りの英語の文章

---

† 例えば，NHK の語学番組では Web 上の番組ページで教材の一部を公開している。

先ほどの例では：

- 入力：I was reading a paper over coffee at one table when I saw the girl.
- 出力：I was reading a paper over coffee / at one table / when I saw the girl. /

となる。

場合によっては，学習者の読解レベル，平均セグメント長などの追加情報を入力として与えることにより，スラッシュ挿入の傾向を調整することも行われる（「〔5〕発展的内容」を参照のこと）。

〔2〕 性能と実例　「〔1〕タスク概要」で述べたように，スラッシュ・リーディング教材生成は，英文へのスラッシュ挿入問題として捉えることができる。スラッシュ挿入問題は，各トークンの間にスラッシュが入るか入らないかを決定する問題であるので，スラッシュの有無を検出する問題と捉えることができる。スラッシュを誤りとみなせば，トークン間に誤りがあるかどうかを決定する文法誤り検出と同一のタスクとなる。したがって，性能指標として，文法誤り検出の性能評価でも用いた検出率，検出精度，F 値を用いることができる。ただし，実際には誤り検出ではなくスラッシュ挿入タスクであるので，以下では，検出率，検出精度の代わりにそれぞれ挿入率，挿入精度と表記する。

表 6.1 に，主なスラッシュ挿入手法の性能を示す。具体的には，人間の認知モデルに基づくチャンク手法[172)]，言語モデルに基づく手法[28)]，確率モデルに基づく手法[185)]，構文情報を利用した SVM に基づく手法[185)]，CRF に基づく

表 6.1 スラッシュ挿入手法の性能

手　　法	挿入率	挿入精度	F 値
チャンク手法[172)]	0.391	0.452	0.419
言語モデル[28)]	0.511	0.472	0.491
確率モデル[185)]	0.583	0.753	0.657
SVM[185)]	0.682	0.766	**0.722**
CRF[121)]	0.679	0.753	0.714
CRF（単語と品詞のみ）	0.616	**0.779**	0.688
ベースライン（すべてのトークンにスラッシュを挿入）	**1.00**	0.107	0.194

手法[121]の各性能を示す。またベースラインとして，すべてのトークン間にスラッシュを挿入した場合の性能も含めている。なお，評価に用いた英文は，スラッシュ情報が記載されている教材[97]の 480 文である（スラッシュ数 843）。また，チャンク手法，言語モデルに基づく手法，ベースライン以外は，ラベル付きの訓練データを必要とするため，10 分割交差検定を用いた評価結果である。

実システムとしては，田中ら[171),173)]が提案しているスラッシュ自動挿入手法を利用したスラッシュ・リーディング教材作成支援システム†1がある。また，Brothers & Co. 株式会社の「VSS Suite」†2という語学学習支援ソフトウェアには，スラッシュ・リーディング用の教材を生成する機能が備わっている†3（図 **6.1**）。

図 6.1　「VSS Suite」のスラッシュ・リーディング教材生成システムの画面イメージ

〔**3**〕 **理論と技術**　　結論から述べると，スラッシュ挿入問題は**系列ラベリング**（sequence labeling）の枠組みで解くことができる。したがって，適切な素性関数を設計し，訓練データを用意すれば，スラッシュ挿入問題を解くこと

†1　http://www.cl.ritsumei.ac.jp/CALL/SR/
†2　http://www.brothers-co.com/suite/
†3　図 6.1 では，記号 | と || でスラッシュ位置を表している。また，同ソフトウェアではスラッシュ位置までの音声読上げなどの機能も備えている。

ができる（言い換えれば，スラッシュ・リーディング教材が生成できる）。

実際に，スラッシュ挿入問題が系列ラベリングとして定式化できることを見てみよう。そのために，「〔1〕タスク概要」で取り上げた例文をもう一度考察してみる：

I was reading a paper over coffee / at one table / when I saw the girl . /

この表記では，スラッシュ記号（/）でスラッシュの有無を表している。少し表記を変えて，スラッシュ直前のトークンにラベル S，それ以外のトークンにラベル N を付与しても同じ情報を表すことができる。すなわち

I:N was:N reading:N a:N paper:N over:N coffee:S at:N one:N table:S
when:N I:N saw:N the:N girl:N .:S

は，上記の一般的なスラッシュ・リーディングの表記と等価である。ただし，“:” は区切り文字である。

この表記を用いると，スラッシュ挿入問題は系列ラベリング問題[168)] として定式化できることがわかる。系列が対象英文中のトークン列であり，ラベルが S または N である系列ラベリング問題である。

系列ラベリング問題の解法はさまざまなものが知られているが，本節では，代表的な解法である CRF[86)] に基づいて解説しよう。CRF を用いると，(i) さまざまな情報を素性関数としてスラッシュ挿入の際に考慮できる，(ii) 一文全体でのスラッシュ挿入のよさを条件付き確率で表せる，という利点がある。

CRF に基づいたスラッシュ挿入手法を説明するためつぎの記号を導入する。いま，入力となる系列を $\boldsymbol{x}$，対応するラベル列を $\boldsymbol{y}$ と表すことにする。トークン数を L とすると，$\boldsymbol{x}$ はトークン列（$x_1, x_1, \cdots, x_L$），$\boldsymbol{y}$ は S または N からなるラベル列（$y_1, y_1, \cdots, y_L$）になる。上述の例で具体的に示すと

$\boldsymbol{x}$：I, was, reading, a, paper, over, coffee, at, one, table, when,
I, saw, the, girl, .

$\boldsymbol{y}$：N, N, N, N, N, N, S, N, N, S, N, N, N, N, N, S

となる。また，スラッシュ挿入の際に考慮する情報を素性関数 $\phi(\boldsymbol{x}, \boldsymbol{y})$ で表すことにする。ここでは，素性関数は 2 値関数とする。例えば，素性関数は，「系列 $\boldsymbol{x}$ 中で，現在注目しているトークン x_i が “reading” かつ対応するラベル y_i がSのときは 1 を，それ以外の場合は 0 を返す」というような関数を考えることができる（実際に用いる素性関数はすぐ後で詳しく説明する）。また，すべての素性関数をまとめて素性関数ベクトル $\boldsymbol{\phi}(\boldsymbol{x}, \boldsymbol{y})$ で表す。

このとき，CRF では，トークン列 $\boldsymbol{x}$ が与えられたとき，ラベル列が $\boldsymbol{y}$ となる条件付き確率は

$$\Pr(\boldsymbol{y}|\boldsymbol{x}) = \frac{\exp\{\boldsymbol{w}^t\boldsymbol{\phi}(\boldsymbol{x}, \boldsymbol{y})\}}{\displaystyle\sum_{\boldsymbol{y}} \exp\{\boldsymbol{w}^t\boldsymbol{\phi}(\boldsymbol{x}, \boldsymbol{y})\}} \tag{6.1}$$

で与えられる。ただし，$\boldsymbol{w}$ は各素性関数の重みを決定する重みベクトルである。重みベクトルは訓練データから学習される。訓練データは，S と N が人手で付与された英文データである。

すでに述べたように，スラッシュ挿入の際には，式 (6.1) が最大となるラベル列を挿入結果とすればよい。そのときの条件付き確率の値は一文全体でのスラッシュ挿入のよさと解釈できる。また，必要に応じて，条件付き確率の値が大きい順に上位 N 件の挿入結果を得ることもできる。

さて，式 (6.1) を用いるとスラッシュ挿入問題が解けるわけであるが，高い性能でスラッシュ挿入を行うためには，その要因を反映した素性関数を設計する必要がある。そこで，まず，スラッシュ挿入の要因を概観してみよう。

スラッシュの挿入には，大きな方針はあるものの厳密な規則は存在しない。教材 181) では，“前置詞や接続詞の前で切る”，“後置修飾部分の前後で切る” など五つの基本方針を挙げている。ただし，これらの方針は必ずしも守られるわけではなく，英文の内容に応じて作業者の主観でスラッシュは挿入される。

行野ら[185)] は，従来研究と教材を調査した結果，スラッシュ挿入の主要因をつぎの 3 種類に分類している：

(1)　一部の単語

(2) 部分的な構文構造

(3) セグメント長のバランス

「(1) 一部の単語」：特定の単語の前後には，スラッシュが入りやすい。例えば，文修飾する副詞（例：fortunately）の後や that 節の前ではスラッシュが入りやすい。このことから，スラッシュの自動挿入では，単語を考慮する必要があることがわかる。関連して，品詞情報も重要な手掛りとなる。例えば，前置詞や接続詞の前にはスラッシュが挿入されやすい。

「(2) 部分的な構文構造」：スラッシュの挿入は，ごく限られた範囲の構文構造から影響を受ける。句や節の区切りにはスラッシュが入りやすい。逆に，句の途中には入りにくい。例えば，名詞句内の冠詞と名詞の間にスラッシュが入ることは非常にまれであろう（例：[NP a paper] の間）。したがって，構文情報もスラッシュの挿入の手掛りとなる。

「(3) セグメント長のバランス」：スラッシュの挿入は，セグメント長をある程度の長さにそろえて行われる。長すぎるセグメントの意味は瞬時に把握することが難しい。逆に，短すぎるセグメントの意味は前のセグメントの意味とつなげて理解することが難しくなる。したがって，セグメント長はある一定の範囲内に分布することが予想される。また，一文全体で，セグメント長のバランスがよくなるようにスラッシュは挿入されると予想される。

性能のよいスラッシュ挿入手法を実現するためには，(1)〜(3) の三つの要因を反映するように素性関数を設計すればよい。ここでは，「(1) 一部の単語」と「(2) 部分的な構文構造」を素性関数として考慮する方法を説明する。「(3) セグメント長のバランス」については，「〔5〕発展的内容」で説明する（正確には，素性関数とは別の方法で考慮する）。なお，以下では，説明を簡潔にするため，素性関数におけるラベルに関する条件を省略して議論を進める（これを，単に素性と呼ぶことにする）†。また，以下の説明の理解を助けるため，素性の具体

† 例えば，素性関数「スラッシュ挿入対象の文中で，現在注目しているトークン x_i が "reading" かつ対応するラベル y_i が S のときは 1 を，それ以外の場合は 0 を返す」では，「対応するラベル y_i が S」以降の部分がラベルに関する条件である。ラベルに関する条件は，素性関数で共通であるので省略する。

原文 相対位置		I −4	was −3	reading −2	the −1	papers 0	over 1	coffee 2	this 3	morning 4
トークン		−	−	reading	the	papers	over	coffee	−	−
トークン原形		−	−	read	the	paper	over	coffee	−	−
品詞		PRP	VBN	VBG	DT	NNS	PP	NN	DT	NN
n-gram	トークン	−	−	−	the − papers papers − over the − papers − over			−	−	−
	単語原形	−	−	−	the − paper paper − over the − paper − over			−	−	−
	品詞	−	−	−	DT − NNS NNS − PP DT − NNS − PP			−	−	−

図 6.2　スラッシュ挿入のための素性例

例を**図 6.2** に示す。ここでは，“papers” に注目している。

「(1) 一部の単語」については，トークンそのものを単純に素性とすればよい。同様に，トークンの原形も素性とする。原形にすることで，変化形を吸収してスラッシュ挿入が行える。ただし，現在注目しているトークン（図 6.2 では “papers”）だけでなく，その前後のトークンも考慮すべきである。図 6.2 では，現在のトークンに加えて前後 2 トークンを素性としている。さらに，品詞解析の結果得られる各トークンの品詞情報も素性とすることができる。ただし，品詞は単語に比べ種類数が少ないため，より広い文脈を考慮してもよい。図 6.2 では現在のトークンの前後 4 品詞を素性としている。

「(2) 部分的な構文構造」については，文献 185) のように構文解析を利用してもよいが，必要とされているのは完全な構文構造ではなく，ごく限られた範囲の構文構造であることに着目すると n–gram でも近似的に実現できる。なぜなら，ごく限られた範囲の構文構造は，現在の単語を中心にした単語列にある程度反映されるからである。例えば，単語列 “I–know–what” 以降には，節構造が来ることが連想され “know” の後にスラッシュが挿入される可能性が高い。また，単語列 “new–book” は名詞句が連想され “new” の後にスラッシュが挿入されることはまれであろう（“new” 一語では，“It is new to ...” など形容詞句の可能性もあるため名詞句かどうかはわからない)。さらに，品詞列も同様な効果が期待できる。例えば，“I–know–what” に対応する品詞列 “PRP–VBP–WP” は，“I–see–what” や “we–know–why” などさまざまな単語の組合せにも対応している。そのため，仮に，“I–see–what” や “we–know–why” などの表現が訓練データに出現しなくとも，品詞列から節構造であることが推測できる。以上のことから，単語および品詞に関する n–gram（図 6.2 では bi–gram と tri–gram）も素性とするとよいことがわかる。

以上の素性関数を使用した CRF でスラッシュ・リーディング教材の生成を行う。各素性関数の重み $\boldsymbol{w}$ は訓練データからあらかじめ決定しておく。教材生成の際には，訓練済みの CRF を対象英文に適用してスラッシュを挿入する。より正確には，対象の英文を素性関数ベクトルに変換し，式 (6.1) が最大となるラベル列を得る。そのラベル列に基づいて対象英文にスラッシュを付与する。その結果が，スラッシュ・リーディング教材となる。

〔4〕 **実際的な情報**　表 6.1 からわかるように，最新のスラッシュ・リーディング教材生成手法では，7 割弱のスラッシュを挿入精度 7 割強で挿入できる。筆者の主観であるが，この性能は教材作成支援として実用に十分耐えうるように感じられる。その一つの根拠として，評価実験で推定された挿入率と挿入精度よりも，実用上の挿入率と挿入精度は高いということを挙げることができる。スラッシュ挿入の厳密な規則は存在せず，場合によっては，スラッシュを挿入してもしなくてもよいというケースが少なからず存在するからである。例えば，教材 97) では

“Native English teachers appreciate / students who get involved in class activities:”（教材 97) より引用）

としているが，教材 181) では，関係節などの後置修飾部分の直前をスラッシュ挿入要因の一つとして挙げていることを考慮すると，“students” の前ではなく，“who” の前にスラッシュを挿入してもよいといえる。以上を考慮すると，実用上は二つの挿入結果どちらとも正しい場合が多いであろう（ただし，一つの教材内では基準は統一されていたほうがよい)。文献 121) によると，CRF に基づい

た手法では，誤挿入（誤ってスラッシュを挿入した失敗）と未挿入（スラッシュを挿入すべきところに挿入できなかった失敗）のうち，それぞれ56%と65%は上述の例のようなどちらでもよいケースである。これらをスラッシュ挿入に成功したとみなすと，同手法の性能は挿入率が0.887，挿入精度が0.891まで向上する。

これまでの議論からわかるように，最新のスラッシュ挿入手法は，実用上高い性能をすでに達成しているが，場合によってはより質の高い教材を得るために，スラッシュ挿入結果を人手で修正するという後処理の必要性が生じるかもしれない。その際には，スラッシュ挿入手法により得られる確信度を利用すると効率よく作業が行えるであろう。例えば，本書で説明したCRFに基づいた手法であれば，各トークンにおけるラベル（すなわちスラッシュの挿入/不挿入）の確率を確信度とすることができる。確率を確信度とする場合，確率の値が拮抗している（SとNの2値であるので0.5に近い）箇所から優先的にチェックすることで作業の効率化が図れる。また，CRFに基づいた手法であれば，一文全体のスラッシュ挿入のよさも条件付き確率として得られるため，後処理に利用できる。一文全体のスラッシュ挿入のよさを表す確率値の上位N件を作業者に提示することは，作業の助けとなるであろう。過去の知見により特定されているスラッシュ挿入に失敗しやすい箇所を優先的にチェックすることも有効であろう。文献121)では，等位接続詞と慣用句を失敗要因として特定している。等位接続詞には，少なくとも，名詞句と名詞句を接続する用法（例：“I like *Saturday and Sunday*”）および文と文を接続する用法（例：“*Today is Saturday and Sunday is tomorrow*”）がある。前者では“and”の直前にスラッシュを挿入することは非常にまれである。一方，後者ではスラッシュを挿入することが多い。これらの用法を正しく解釈してスラッシュを挿入するためには，接続詞の曖昧性を解消する必要がある（多くの場合，構文情報が必要となる）。文献185)のように構文情報を直接的に利用することは有効な手段の一つではあるが，構文解析が難しいタスクであることを考慮すると，接続詞“and”や“or”を人手でチェックすることも有効である。慣用句については，慣用句辞書を活用することでチェックが行えるであろう（または，慣用句であるという情報を素性関数に組み込むことも可能である）。

以上のような後処理から得られるスラッシュ修正情報を用いて，性能改善が容易に行える。すなわち，スラッシュ修正情報を訓練データとして，CRF やSVM などの分類器の再訓練を行うわけである。再訓練により，本質的な挿入誤りを減らすことができる。また，教材作成者の好みを反映することもできる。

ここまで，スラッシュの挿入性能をいかに高めて質のよいスラッシュ・リーディング教材を作成するかということを述べてきたが，教材の質という観点からは注意しなければならない点が他にもある。スラッシュ・リーディング教材生成手法により，任意の英文にスラッシュを挿入できるが，英文そのものの質は考慮していないことに注意が必要である。学習者のレベルや目的に合った英文を用意するというのは，また別のタスクである。実用上は，英文のレベルや質の情報がある程度明らかであるデータを使うとよい。

実装面に関する実際的な情報も挙げておこう。「〔3〕理論と技術」では，明示的に説明しなかったが，スラッシュ挿入の際には，前処理として文分割とトークン同定処理を行うのが普通である。したがって，スラッシュ挿入処理への入力はトークン列となり，各種記号など通常の単語以外のものも含まれる。カンマやセミコロンの後にはスラッシュが挿入されやすいという傾向を考慮すると，トークン同定処理は必須であろう。一方で，4.1.2 項ですでに指摘したように，出力の際には，分割したトークンを元どおりに連結しなければならない。トークン間の空白の数をすべて記憶しておくことで連結は問題なく行えるが，（スラッシュ挿入手法がうまく働いていればほとんど起きることはないが），ときには連結されるトークン間にスラッシュが挿入されることがある。例えば，カンマと直前の単語の間にスラッシュが挿入されることもある。これは明らかに誤挿入であるので別の処理で適切に削除する必要がある。

商用システムを開発する際の実装上の問題として，品詞解析器などの解析ツールの利用がある。このことも 4.1.2 項で指摘したが，各種の解析ツールの商用利用は有料で，さまざまな制限が課されることが多い。特に，英語の解析ツールはその傾向が強く開発のボトルネックになることがある。幸いなことに，スラッシュ・リーディング教材生成においては，近似的に品詞情報や構文情報を得ることにより，解析ツールを使わずとも高い性能が達成できることが知られている[121]。

〔5〕 **発展的な内容**　　発展的な内容として，スラッシュ挿入手法を改善するための方法を三つ紹介しよう。うち二つは，構文情報の考慮とセグメントのバランスの考慮で，スラッシュ挿入性能を向上させるためのものである。三つ目は，訓練データの作成にかかるコストを低減させる方法である。以下，この順で説明する。

「〔4〕実際的な情報」で解説した接続詞 “and” のように，一部のスラッシュの挿入には構文情報が必要となる。実際，「〔2〕性能と実例」で紹介した従来手法で最も性能が高いのは構文情報を利用した SVM に基づく手法[185]である。同手法では，構文解析の結果得られる構文構造を近似的にモデル化し，SVM の素性としている。文献 185) によると，構文構造の近似モデルを利用した場合（F 値 $= 0.722$）と利用しない場合（F 値 $= 0.657$）では性能に大きな差がある。

セグメントのバランスの考慮も性能改善に有効である。なぜなら，スラッシュの挿入は，セグメント長をある程度の長さにそろえて行われるからである。長すぎるセグメントの意味は瞬時に把握することが難しい。逆に，短すぎるセグメントの意味は前のセグメントの意味とつなげて理解することが難しくなる。

以上を考慮すると，セグメント長はある一定の範囲内に分布すると予想される。いま，セグメント長をスラッシュ間のトークン数としよう。より厳密には，文頭またはスラッシュが付与されたトークンからつぎのスラッシュが付与されたトークンまでの間にあるトークン数と定義する。例えば，例文：

I was reading a paper over coffee / at one table / when I saw the girl . /

であれば，セグメントは三つあり，それぞれの長さは 6，2，5 である。このとき，一文全体のセグメントのバランスを $f(\boldsymbol{y})$ で定量化できるとしよう。そうすると，式 (6.1) の代わりに

$$\Pr(\boldsymbol{y}|\boldsymbol{x})f(\boldsymbol{y}) \tag{6.2}$$

を最大化するような $\boldsymbol{y}$ を最終的なスラッシュ挿入結果とすればよい。式 (6.2) の意味するところは，単語，品詞，構文構造を考慮したスラッシュ挿入のよさ $p(\boldsymbol{y}|\boldsymbol{x})$ とセグメント長のバランスを考慮したスラッシュ挿入のよさ $f(\boldsymbol{y})$ が，両方とも高い $\boldsymbol{y}$ を最終的なスラッシュ挿入結果とするということである。

問題は，どのようにして $f(\boldsymbol{y})$ を求めるかということである。セグメントは，長く/短くなりすぎず，ある一定の値を中心に分布することが予想されることから，例えば，セグメント長はポワソン分布に従うと仮定できる。この仮定に従うと，セグメント長の分布は

$$g(l) = \frac{\lambda^l}{l!}\mathrm{e}^{-\lambda} \tag{6.3}$$

と表せる。ここで，λ はセグメント長の平均で

$$\lambda = \frac{1}{M}\sum_{m=1}^{M} l_m \tag{6.4}$$

で，訓練データから推定する。式 (6.3) は，一つのセグメントのよさ（長さ l のセグメントの出現しやすさ）を表すが，スラッシュ挿入のためには，一文全体での平均的なセグメント長のバランスを考慮しなければならない。これは，一文にわたってセグメント長の出現確率を掛け合わせて平均をとることで実現できる。ただし，確率の積であることを考慮して，算術平均ではなく相乗平均をとる。以上を定式化すると，セグメント長のバランス

$$f(\boldsymbol{y}) = \sqrt[|S_{\boldsymbol{y}}|]{\prod_{s \in S_{\boldsymbol{y}}} g(l_s)} \tag{6.5}$$

が得られる。ただし，$S_{\boldsymbol{y}}$ は $\boldsymbol{y}$ 中のセグメントからなる集合である。また，l_s はセグメント s の長さを表すとする。

以上の議論により，式 (6.2) を最大化する最適なスラッシュ挿入結果 $\boldsymbol{y}$ を得るが，この式を厳密に評価しようとすると，組合せが膨大になり実用的ではない。具体的には，2 のトークン数乗に比例する計算が必要となる。幸いなことに，動

的計画法を利用すると式 (6.1) の上位 N 件の解を効率よく求めることができる。この上位 N 件の解に対して，$f(\boldsymbol{y})$ を求めることで，式 (6.2) の近似解を得ることができる。あくまでも近似解であり最適である保証はないが，式 (6.2) の値は解の順位が下がるにつれて小さくなる傾向にある。そのため，$f(\boldsymbol{y})$ により式 (6.1) の解の順位が逆転する可能性も低くなる傾向にあり，実用上問題がないことが知られている。さらに，式 (6.5) が積と累乗根からなることに注意すると，同式の対数をとると計算精度と効率がよいこともわかる。

式 (6.5) により，セグメントのバランスが考慮されるが，このことを応用して教材の難易度を調整することもできる。式 (6.3) の平均パラメータ λ を実際に推定された値より大きく設定すれば，セグメントは長くなる傾向となり難易度の高い教材が生成される。逆に，小さく設定すると難易度が低い傾向となる。

最後に，訓練データの作成にかかるコストを低減させる方法を紹介しよう。本節で説明したスラッシュ挿入手法のように，機械学習を利用した手法では訓練データの量が性能に大きく影響する。通常は，人が英文を読みスラッシュを挿入するため，訓練データの作成は時間と労力を要する。そこで，訓練データを（半）自動的に生成することを考える。例えば，文献28),172) の手法を利用できる。実際のところ，これらは，スラッシュ付き英文を訓練データとして利用しないスラッシュ挿入手法である。したがって，これらの手法を生の英文データに適用することで，スラッシュ付きの訓練データを得ることがでる。ただし，表 6.1 からわかるように，これらの手法はスラッシュ付き英文を訓練データとして利用する手法と比べると性能は低いため，得られた訓練データを人手で修正するなどの処理が必要となる。それでも，一から訓練データを作成するよりは時間も労力も低減できるであろう。また，一度に全データの修正を行うのではなく，一定量を修正した後に機械学習に基づいたスラッシュ挿入手法の訓練を行い，その結果得られた分類器を再度元の英文に適用することでより質の高い訓練データを得ることができる。訓練データの修正と分類器の訓練という工程を複数回繰り返すことで，より効率がよくなる。

6.2 英語リズム学習用教材の生成

〔1〕 **タスク概要** 本節では，英語のリズムを学習するための教材を生成する方法を紹介する。英語のリズム学習と一口にいっても多種多様なものがあるが，ここではジャズ・チャンツと呼ばれる教授法に焦点を当てる。

その前に，英語のリズム，より一般的には言語のリズムとはなにかを確認しておこう。リズムの基本となるのは等時性である。等時性とは，言い換えれば，なんらかの時間間隔が等しいということである。この等時性をなにに基づいて規定するかというところに言語のリズムにおける差異が生まれる。英語は，**強勢タイミング言語**（stress–timed language）といわれており，強勢（すなわち強く読む箇所）の時間的間隔が等しい[†1]。例えば

Ken, *Ken*ney, and *Ken*nedy

では，斜体の音節 "*Ken*" に強勢があり，これらの音節が発話されるタイミングの間隔が等しくなる。強勢間には，（理論上は）任意の数の単語（もしくは，音節）が入れられるため，速く読まれる区間もあれば，逆にゆっくりと読まれる区間もある。上の例では，区間 "*Ken*" と区間 "*Ken*ney, and" の発話時間は等しい一方で，発話される音節数は後者のほうが多い。その結果，後者のほうが速く発話されることになる（単位時間当りの発話音節数が多い）。一方で，日本語は，**モーラタイミング言語**（mora–timed language）といわれる。これは，簡単にいえば，一文字一文字[†2]の発話される時間間隔が等しいということである。したがって，"*Ken*, *Ken*ney, and *Ken*nedy" を日本語のリズムで発話すると，区間 "*Ken*" と "*Ken*ney, and" の発話時間は後者のほうが長い。このリズムの違いにより，日本語母語話者は英語母語話者の英語を聞き取れないとい

---

†1 実際には，言語のリズムはより複雑な要因により決定されることが知られている。詳細は，文献85) が詳しい。ここでは，チャンツ教材生成のより簡潔な説明を目的として上述の定義を用いる。

†2 ここでは，すべての文字をひらがなで表記した場合の一文字を指している。

うことが起こる。また，同様の理由で，日本語母語話者の英語は英語母語話者に通じないということが起こる。

このリズムの違いを学習するための教授法の一つに，ジャズ・チャンツ（以下，単にチャンツと表記）がある。より正確には，文献44)によると，チャンツとは英語の話し言葉のリズムと伝統的なアメリカンジャズのリズムを結び付けるリズム表現方法である。チャンツでは，強勢位置を明記した英文（以下，チャンツ教材と表記）を学習に用いることが多い。例えば

Fr*ank, H*ank, w*alk to the b*ank.　（文献44)より引用）

では，強勢位置をアスタリスク＊により表している。学習の際には，(1) 強勢位置の音を強く大きく読む，(2) 強勢位置の時間間隔が等しくなるように読む，という二点を意識して英文の音読を行う。(2) を実現するために，音楽（ジャズ）や手拍子に強勢位置を合わせて音読することが多い。そうすることで，英語のリズムを明示的に練習するわけである。

上述のとおり，チャンツに基づいたリズム学習ではチャンツ教材が重要な役割を果たすが，十分な数の教材がないという問題がある。そのため，学習者の興味や語学レベルに合った英文をチャンツに用いようとすると自ら強勢位置を同定してチャンツ教材を作成しなければならない。強勢位置の同定は，専門的で時間を要するコストの高い作業である。

チャンツ教材生成により，この問題を解決できる。言い換えれば，与えられた英文の強勢位置を自動的に推定するタスクにほかならない。したがって，入力と出力は

- 入力：英語の文章
- 出力：強勢が明示された英語の文章（チャンツ教材）

となる。なお，強勢は単語中の音節に置かれるため，どの単語に強勢が置かれるかを推定するだけでは厳密には不十分である。しかしながら，強勢の置かれる単語がわかれば，通常は，辞書引きにより強勢が置かれる音節は決定できる。したがって，本節では，どの単語に強勢が置かれるかを推定する問題（強勢位置自動推定）を説明する。

〔2〕 **性能と実例** 　**表 6.2** に，強勢位置自動推定の性能を示す。ベースラインは，すべてのトークンに強勢があると推定した場合の性能を表す。HMMに基づいた手法では，トークン列から得られる品詞に対して HMM で強勢位置を推定する手法の性能である。CRF に基づいた手法は，「〔3〕理論と技術」で説明する手法の性能である。各手法の性能は文献 107) より引用した。対象文書数は 71（トークン数 2 396，強勢数 1 531）である。なお，表中の A(ccuracy) は，すべての強勢位置が正しく推定された文書の割合を表す。

表 6.2 強勢位置自動推定の性能

手　　法	R	P	F	A
ベースライン	**1.00**	0.639	0.780	0.281
HMM に基づいた手法	0.914	0.853	0.883	0.423
CRF に基づいた手法	0.950	**0.927**	**0.939**	**0.592**

R：Recall，P：Precision，F：F 値，A：Accuracy

表 6.2 から，非常に高い性能で強勢位置の推定ができることがわかる。CRF に基づいた手法では，約 6 割の文書についてすべての強勢位置が正しく推定できている。しかしながら，残念なことに，筆者が知るかぎりチャンツ教材生成手法が実用化された例はない。

〔3〕 **理論と技術** 　強勢位置自動推定問題は，6.1 節で説明したスラッシュ挿入問題と同じように系列ラベリングの枠組みで解ける。そのために，まずチャンツ教材がラベル付き英文で表せることができることを見ておこう。例えば，上述の英文は，強勢のある単語にラベル S，それ以外の単語にラベル N を付与して

Frank:S ,：N Hank:S ,：N walk:S to:N the:N bank:S .:N

と表すことができる。この表記は正しくスラッシュ・リーディング教材の際に用いた表記と同じである。したがって，6.1 節と同じ枠組みを用いることができる。

スラッシュ・リーディング教材と異なるのは素性関数である。強勢位置自動推定の場合は，強勢の有無に関係が深い情報を素性関数として考慮する。文献 107) では，素性関数として，(a) 単語，(b) 単語の原形，(c) 単語の品詞，(d) 文タイプ，

に関するものを用いている。(a)〜(c) に関しては，強勢位置推定対象単語自身に加えて前後二単語の計五単語を考慮する。また，そこから得られる bi–gram, tri–gram も素性としている。(d) の文タイプについては，平叙文と疑問文七種（yes/no，what，where，when，who，why，how）を考慮している。その理由として，疑問文の答えとなる単語には強勢が置かれる傾向があるためである。したがって，強勢位置推定対象単語がある文とその直前の文に関して，文タイプペア（例：what–平叙文）を素性としている。

〔4〕 実際的な情報　「〔2〕性能と実例」で示したように強勢位置自動推定手法の性能は非常に高いが，スラッシュ・リーディング教材生成のときのように，チャンツ教材生成においても人手による後処理が必要になる場合がある。特に，発話者の意図により強勢位置が変化することがあり，この現象を強勢位置自動推定手法で捉えることは難しい。例えば，“He wants one book.” では，「本」が欲しいということを強調したければ “book” に強勢が置かれる。一方，「一冊」欲しいということを強調したければ “one” に強勢が置かれる。このような発話者の意図を強勢位置自動推定手法で汲み取ることは難しい。そのため，標準的な強勢位置（上述の例では “book”）をユーザに提示し，意図による強勢位置の変化は後処理としてユーザに反映してもらうのがよいであろう。

もう一点，重要な実際的な問題に，休符の生成という問題がある。チャンツは，英語の話し言葉のリズムと伝統的なアメリカンジャズのリズムを結び付けるリズム表現方法である。そのため，強勢の数が 8 の倍数にそろえられるという（弱い）制約がある†。しかしながら，与えられた英文によっては，強勢の数に過不足が起こることがある。この過不足を解消して 8 の倍数の制約を満たすために休符（チャンツ教材では手拍子を表す特殊な単語 CLAP が使われることが多い）が挿入される。例えば，“Ken, Kenny, and Kennedy. Ken, Kenny, and Kennedy.” では，“Ken, Kenny, and Kennedy. CLAP. Ken, Kenny, and Kennedy. CLAP” のように CLAP を二つ挿入することで強勢の数を 8 にすることができる。本節で紹介したチャンツ教材生成手法では，休符の生成は対象

† 4/4 拍子 2 小節 8 拍が基本となるためである。

外としており未解決の問題である。より実用的なチャンツ教材手法を実現するためには，この問題の解決が必要である。

〔5〕 **発展的内容**　すでに見てきたように，チャンツ教材生成もスラッシュ・リーディング教材生成も系列ラベリングという観点から捉えれば共通点が多い。したがって，スラッシュ・リーディング教材生成のところで述べた性能改善手法が，チャンツ教材生成でも利用できる。実際，文献107) では，セグメント長の分布を強勢位置自動推定に利用している。ただし，同文献は，セグメント長の分布の考慮による性能向上は認められないと報告している。その理由として，セグメント長の分布なしでも高い推定精度が得られるため，推定ミスにより分布から大きく外れた（長すぎる/短すぎる）セグメントが発生する可能性が低いことを挙げている。

チャンツ教材生成特有の性能改善手法に，リズム構造の考慮がある。「〔4〕実際的な情報」で述べたように，一つのチャンツ教材では，強勢の数が 8 の倍数にそろえられるという制約がある。この制約が強勢位置の推定に有益な情報を与える。すなわち，推定結果が 8 の倍数の制約を満たさない場合，推定に失敗している可能性が高いと推測できる。その場合，別の推定候補から 8 の倍数の制約を満たすものを選び出せばよい。CRF に基づいた手法では，動的計画法を利用して上位 N 件の解を効率よく求めることができるため，その上位から選び出せばよい。以上のアイデアを定式化すると

$$\boldsymbol{y}^* = \arg \max_{\boldsymbol{y} \in \{\boldsymbol{y} | n(\boldsymbol{y}) = 8i, i \in \mathbb{N}\}} p(\boldsymbol{y}|\boldsymbol{x}) \tag{6.6}$$

と表すことができる。ただし，$n(\boldsymbol{y})$ は，強勢位置推定結果 $\boldsymbol{y}$ 中の強勢の数を表す。文献107) の評価実験では，この 8 の倍数の制約を考慮することにより，すべての強勢位置が正しく推定できた文章の割合が 51%から 59%に改善している。

6.3 語 彙 問 題 生 成

〔1〕 **タスク概要**　語彙問題生成とは，学習者の語彙に関する知識を問う

問題を生成するタスクである。代表的な語彙問題として類似語義選択問題と穴埋め形式の問題の 2 種類を挙げることができる。類似語義選択問題は，与えられた文章中の語に意味的に最も近い語を選択肢の中から選び出す問題である。具体例としては

He purchased a cake at the local bakery.（パッセージ）

The word *purchased*（ターゲット）is closest in meaning to:

A. bought（正解語）, B. ate, C. made, D. sought（不正解語）

のような問題となる（かっこ内は，各部分の名称を表し，実際の問題には含まれない）。穴埋め問題は，パッセージ中のターゲットが空白（穴）になっており，複数の候補から正しい語を選び出す問題である。語彙問題生成は，このような問題を生成するタスクである。なお，ターゲットの部分を穴にすることで，類似語義選択問題から穴埋め問題が作成できるため，後者は前者の部分問題と捉えることができる†。そこで，本節では，より範囲が広い類似語義選択問題を中心に取り扱うことにする。

もう少し詳しく類似語義選択問題を見てみよう。上述のとおり，同問題はターゲット，パッセージ，正解語，不正解語の 4 種類の構成要素から成る。したがって，理想的な類似語義選択問題生成では，これら 4 種類を生成することになる。

では，このタスクの入力はなんであろう。実は，この問題に答えることは難しい。語彙問題生成の目的に大きく依存する。例えば，学習者の語彙力を測定するのが目的であれば，入力は（理想的には）対象とする語彙力に関する情報であろう。また，個別の学習者用の練習問題としての生成であれば，過去の生成結果や正答率の履歴も入力として必要かもしれない。このように，この問題は広範囲なタスクを対象とするため，いったん棚上げにし，後ほど「〔5〕発展的内容」で再び議論することとしよう。

ここでは，従来研究に従い，ひとまず入力としてターゲットが与えられるとしよう。そうすると，類似語義選択問題生成の入力と出力は

† ただし，類似語義選択問題と異なり，穴埋め問題では，不正解語は穴に入れることができない語を選択する必要がある。

- 入力：ターゲット（とその意味）
- 出力：パッセージ，正解語，不正解語

となる。入力のターゲットは，対象とする単語そのものであるが，一つの単語でも複数の意味をもつことが普通であるので，その意味も同時に与えることが多い。加えて，入力としてパッセージの分野（経済，科学など），学習者の語彙力などの情報を使用することもあるであろう。また，厳密には，不正解語の数を入力として与える必要がある。不正解語は三つとし，正解語と合わせて四択とすることが多い。

出力は大きく3種類（パッセージ，正解語，不正解語）に分けられるが，研究やシステム開発では，それぞれ別のサブタスクの出力として取り扱うことが多い。具体的には，パッセージの選択，正解語の生成，不正解語の生成の三つのサブタスクである。特に，不正解語の生成は，穴埋め問題でも必要であることもあり，多くの研究がなされている。

〔2〕 性能と実例　文献163) によると，パッセージの選択性能（選択正解率）84～95%である。ターゲットは，TOEFL iBT†のサンプル問題および問題集から無作為に選ばれた98種類である。加えて，Senseval と呼ばれる語義曖昧性解消のためのワークショップで使用されたデータセットからも，98種類のターゲットが選ばれている。前者における選択正解率が95%，後者における選択正解率が84%と報告されている。ここで，選択正解率とは，ターゲットが指定された意味で使用されているパッセージの割合である。ターゲットが指定された意味で使用されているかどうかの判断は人の判断に基づく。

不正解語の生成性能については，文献150) が詳しい。同文献では，主な従来手法の生成正解率の比較を行っている。同文献では，正解語を，生成された不正解語，穴埋め問題と共に英語母語話者三人に提示して，二人以上が正解語が正しいと判断した割合で生成正解率を定義している。問題数は50個である。**表6.3** に，生成正解率の一部を引用する。表6.3より，すでに非常に高い生成正解率が達成されていることがわかる。ただし，通常，類似語義選択問題と穴埋め

† https://www.ets.org/jp/toefl/ibt/about

表 6.3　不正解語の生成正解率（文献 150）より一部抜粋）

手　　法	母語話者
誤り情報付き学習者コーパスに基づいた手法（分類器）[150]	0.983
誤り情報付き学習者コーパスに基づいた手法（混同確率）[150]	0.945
ラウンドトリップ機械翻訳に基づいた手法[23]	0.936
シソーラスに基づいた手法[161]	0.893

問題では複数の不正解語が使用されるため，実際の問題における生成正解率はこれより低くなることに注意する必要がある。例えば，四択問題であれば，表 6.3 の生成正解率を 3 乗した値が実際の生成正解率（の期待値）となる。また，単独では適切な不正解語でも，その他の不正解語と組み合わせると不適切になる場合もある。

別の観点からの評価として，問題全体に対する評価もある。文献 163) では，同文献の手法により自動生成した問題と人間が作成した問題（TOEFL iBT の問題）とを英語教師が識別できるかどうかを評価している。その結果は，自動生成した問題の識別正解率 55%, 人間が作成した問題の識別正解率 69%，全体の識別正解率 61% と報告されている。この結果は，自動生成した問題と人が作成した問題を完全には見分けられないが，両者にはなんらかの違いがあることを示唆する。また，生成された問題の質を 5 段階評価でも評価している（5 が最も質がよい）。その結果，人間が作成した問題はすべて 3 以上の評価を得た一方で，自動生成した場合，3 以上の評価を得たのは約半分の問題であるという興味深い結果が得られている。

以上のように，語彙問題生成に関する研究では一定の成果が得られている。しかしながら,「〔1〕タスク概要」で述べたように，語彙問題生成では棚上げにしている問題もある。さらに，生成された問題は，本来であれば，その目的に応じてより直接的に評価することが好ましい。例えば，語彙力を測定する場合であれば，生成された問題を，適切に学習者の語彙力を測定できるかどうかで評価すべきである。これについては，自動生成した問題の正答率と TOEIC のスコアの相関で評価した研究[150] がある。また，語彙の学習を目的とするのであれば，語彙の学習に有効であるかどうかが評価観点になるであろう。残念ながら，筆者が知るかぎり，生成した問題を学習効果の観点から評価した研究はない。上述のような直接的な評価は難しい部分が多く，また時間も要する。より直接的な評価については，今後の研究が待たれる。

語彙問題生成の実用例はあまり知られていない。筆者が知るかぎり，「Cloze Generator」[†1]がある。

〔3〕 **理論と技術** ここでは，文献163) の手法を中心として，類似語義選択問題生成の理論と技術を説明することにしよう。類似語義選択問題生成は，パッセージの選択，正解語の生成，不正解語の生成の三つのサブタスクに分けられる。以下では，この順に各サブタスクを説明する。

パッセージの選択は，入力として与えられたターゲットが指定された意味で使用されているパッセージを選び出す問題である。選択の候補となる英文は，英語の教材，新聞などの母語話者が書いた英文（言い換えれば，母語話者英語コーパス）である。また，Web ページのデータが対象となることもある。候補英文から，ターゲットが含まれる英文を選択することは，文字列検索を利用することで容易に行える。問題は，ターゲットが指定された意味で使用されているかどうかの判定である。例えば，“paper” という英単語には，「紙」という意味と「論文」という二つの意味[†2]があるが，単純な文字列検索では，どちらの意味で使用された英文かはわからない。

幸いなことに，言語処理にはこの問題を解決するための**語義曖昧性解消**（word sense disambiguation）という技術が存在する。語義曖昧性解消のための手法にはさまざまなものが存在するが，与えられた語が文中でその語のとりうる意味のうちどの意味で使用されているかを推定する，分類問題として解くことが多い。この問題は，正に，上で述べたパッセージ選択における問題と同じ状況設定である。実際，文献163) でも，語義曖昧性解消をパッセージ選択に適用している。なお，語義曖昧性解消の詳細は文献133) などを参照されたい。

文献163) では，語義曖昧性解消に加えて，Context Search という技術を用

---

†1 `http://www.oit.ac.jp/ip/~kamiya/mwb/mwb.html`
†2 もちろん他の意味もある。

いてパッセージ選択性能を高めている。Context Search では，ターゲットの例文を利用する。例えば，シソーラスなどを用いると，ターゲットの各意味に対応した例文が取得できる。指定された意味に対応した例文から，ターゲットとその周辺の単語（文献 163) では前後二単語）を抽出し，それをキーワードとして Web 検索を行う。Web 検索で得られるスニペットは，ターゲットが指定された意味で使用されている英文の候補となる。最後に，元の例文と各候補（スニペット）の類似度を計算し，類似度が高いものをパッセージとして選択する。類似度は，例えば，例文とスニペットで共通する単語の数などに基づいて計算できる。以上のように，Context Search では，例文と Web 文書の類似性に基づいてパッセージを選択する。この処理は，Web 文書を用いた一種の語義曖昧性解消と捉えることもできる。

つぎに，正解語の選択に話を移そう。文献 163) によると，正解語が満たすべき条件はつぎの三つである：

(1)　ターゲットと同じ品詞であること
(2)　ターゲットと似た意味であること
(3)　ターゲットと部分文字列を共有しないこと

条件 (1) と条件 (2) については，シソーラスを用いることで解決することが多い。シソーラスから同じ語義を有する語を選択すればよい。通常，シソーラスには品詞の情報が記載されているため，品詞に関する条件も同時に考慮できる。条件 (3) については，文字列の単純な比較で確認することができる。

この三条件に加えて，正解語が与えられたパッセージに適合するかどうかのチェックも必要となるであろう†。特に，**コロケーション**（collocation）に関する知識を問う問題では重要な条件となる。正解語のパッセージへの適合度には，例えば言語モデルから得られる確率を利用できる。

最後に，不正解語の生成について述べよう。不正解語が満たすべき条件として

(1)　正解語と区別するのが難しい語

† 例えば，“high” と “tall” は似た意味であるが，必ずしも両者は同じ文脈で使用できるとはかぎらない。

(2) 正解にはなり得ない語

がある。

条件 (2) を満たすために，英単語として存在しない文字列を不正解語とすることが考えられる。例えば，文字ベースの言語モデルに基づいて文字をサンプリングすることで，一見英語の単語のように見えるが英単語ではない文字列が得られる（例：creft)。ターゲットの意味を知っているかどうかを確認することが目的であれば，この単純な方法で十分かもしれない。ただし，単に学習者の語彙量を測定する目的であれば，本節で扱うような語彙問題ではなく，5.1 節で説明したような，より直接的な方法を用いるべきであろう。類似語義選択問題や穴埋め問題のメリットの一つは，コロケーションに関する知識，語彙選択に関する知識，文法に関する知識などさまざまな知識を学習者に問うことができることである。

不正解語の生成については，よく研究されており，さまざまな手法が存在する。代表的なものに，シソーラスに基づいた手法（文献 161) など)，誤り情報付き学習者コーパスに基づいた手法（文献 150) など)，ラウンドトリップ機械翻訳に基づいた手法（文献 23) など）がある。各手法の性能については「〔2〕性能と実例」で述べたので，ここでは技術面について概要を説明しよう。なお，不正解語の満たすべき条件として，同じ品詞であること，同義語でないこと，反義語でないこと，同じような長さであることなどがある。

シソーラスに基づいた手法では，ターゲットとは意味は異なるが，意味的に関連が深い語をシソーラスから得る。例えば，シソーラス上で対象語と兄弟関係にある語は不正解語の候補となる。

誤り情報付き学習者コーパスに基づいた手法では，学習者の実際の誤りの傾向に基づいて不正解語を生成する。誤り情報付き学習者コーパスがあれば，どの語がどれくらいの確率で別の語に訂正されたかを定量的に扱うことができる。例えば，対象語の代わりに，ある語が誤って使用される条件付き確率をコーパスから推定することができる。この条件付き確率に基づいて不正解語を生成することで，学習者の誤りの傾向を考慮した問題となる。誤り情報付き学習者コーパスには，サイズがそれほど大きくないというデメリットがあるため，学習者が書いた文とそれを訂正した文とをペアにしたパラレルコーパスを用いることもある。ただし，現状利用可能なパラレルコーパスは，文単位の対応しかついていないことが多く，単語単位の対応をとるために，なんらかのアライメント処理が必要となる。

ラウンドトリップ機械翻訳に基づいた手法では，翻訳器を二度利用する（多くの場合，統計的機械翻訳を用いる）。正解語を学習者の母語に一度翻訳し，それを再度，英語に翻訳すると元の正解語とは異なる語に翻訳されることがある。仮に，正解語に翻訳された場合も，通常，他の翻訳候補とその確信度（統計的機械翻訳では翻訳確率）が得られる。これらの翻訳語を不正解語とするわけである。こうすることで，学習者の母語の影響，すなわち母語干渉†を考慮して不正解語が生成できる。

以上の三つの処理（パッセージの選択，正解語の生成，不正解語の生成）の出力を統合することで，類似語義選択問題ができあがる。また，類似語義選択問題生成を穴埋め問題の生成に応用することも可能である。パッセージからターゲットを削除し，ターゲットを正解語とすることで穴埋め問題となる。ただし，穴埋め問題では，不正解語がパッセージ中で不適となることを保証する必要がある。

〔4〕 実際的な情報　「〔3〕理論と技術」では，語彙問題を自動的に生成することを暗に仮定してきたが，実際の応用では半自動的に生成することが多い。言い換えれば，問題作成支援である。

パッセージの選択では，パッセージを自動的に一つ選択するのではなく，いくつかの候補から，最終的に人手で選択することが現実的である。また，選択されたパッセージが，つねに，そのまま問題として使えるわけではない。例えば，対象とする学習者のレベルに合った文章となるように，語句の言い換えや削除などの編集が必要になるかもしれない。関連して，Web 文書や新聞記事な

† 母語干渉の詳細については，7.3 節を参照のこと。

どからパッセージを選択する場合には，著作権にも注意する必要がある†。

同様に，正解語と不正解語も人手を介入させることで，問題の質を高めることができるだろう。幸い，多くの語彙問題生成手法では，複数の候補とそれぞれの候補に対するスコアや確信度が得られる。これらの情報は，正解語と不正解語の選択に有効である。

また，類似語義選択問題の生成における三つの処理を個別に問題生成に応用する場面も考えられる。例えば，そのような場面として，読解用の英文がすでに与えられている場合を想定することができる。読解用英文中のある語をターゲットにして語義を問うことはよく行われる。その場合，パッセージの選択は必要なく，正解語と不正解語の生成のみを行えばよい。

〔**5**〕 **発展的内容**　ここまで棚上げにしてきた語彙問題生成の入力と関連する話題について議論しよう。語彙問題は，その目的により，語彙能力の測定と語彙能力の向上に大別することができる。言い換えれば，前者は，語彙問題を学習者に解かせることにより，語彙に関する能力を測定しようとする。また，入試問題やクラス分け用の問題として利用しようとすると，学習者を語彙力に応じて順位付けができなければならない。一方，後者は，語彙の習得や学習内容の復習が主な目的となる。すなわち，学習支援が第一の目的となる。

語彙能力の測定を目的とした場合，問題の難易度の推定が重要となる。すなわち，問題と語彙能力の対応付けをすることになる。別の観点からは，生成した問題をどれくらいの学習者が解けるかということにも関連する。そのため，語彙問題生成の入力として，対象とする難易度が必要となるであろう。または，問題を生成すると共に難易度を推定するタスクと捉えることもできる。通常，一つの問題では能力の測定は行えないため，複数の問題が必要となる。そのため，入力として，生成した問題の履歴も必要となるかもしれない。

一方，学習支援を目的とした場合は，対象とする学習者の情報を利用して語彙問題を生成するのが理想的である。パッセージは，対象学習者がすでに習得した単語で構成されていることが好ましい。ターゲットは，復習が必要な単語

† 著作物の使用以外に，著作物の改変にも注意が必要である。

や直近に学習する単語となるであろう。そのためには，学習者の語彙力や学習履歴が必要となる。

以上のとおり，問題生成の入力をなににするかというのは難しい問題である。また，必要な入力はわかっていても，十分に活用できていないのが現状である。関連して，問題の難易度についても研究が必要である。最近では，生成した問題の難易度に関する研究報告[162)]もあり，今後，さらなる発展が期待される。

6.4　この章のまとめ

本章では，教材作成支援として，スラッシュ・リーディング教材生成，リズム学習用教材の生成，語彙問題生成を紹介した。いずれのタスクも，形態素解析などの言語処理の基礎的な処理により言語情報を抽出し，その情報に基づいて教材生成を分類問題または系列ラベリング問題として解くことができることを見た。タスクにもよるが，一定の性能を達成しており，自動または半自動で実用的な教材を生成できるものもある。特に，人手を介入した教材作成支援としては十分に有益であろう。また，ここでは取り上げることができなかったが，これ以外の教材作成支援の研究も，もちろんたくさんある。国際ワークショップ Workshop on Innovative Use of NLP for Building Educational Applications[†1], Workshop on Natural Language Processing Techniques for Educational Applications[†2], Workshop on Speech and Language Technology in Education[†3]の研究発表が参考になる。

章　末　問　題

【1】 スラッシュ入り英文 “This is the malt / that lay in the house / that Jack built . /” のスラッシュの情報を，本文にならい S と N の系列で表しなさい。

【2】 英文 “This is the malt that lay in the house that Jack built .” に対してス

†1 http://www.cs.rochester.edu/~tetreaul/bea12.html#description
†2 http://nlptea2016.weebly.com/
†3 http://www.slate2017.org

ラッシュ・リーディング教材生成手法で，スラッシュを挿入したところ，“This is / the malt / that lay in the house / that Jack built .” のような結果が得られた。この結果に対する，挿入率，挿入精度を求めなさい。正しい挿入結果は “This is the malt / that lay in the house / that Jack built .” とする。

【3】 つぎの文に対して，英和辞書および和英辞書を用いて類似語義選択問題用の不正解語を二つ作成せよ。ただし，ターゲットには下線が引かれている。

Professors teach courses and <u>conduct</u> original research.

【4】 前問と同じ文に対して，WordNet を用いて不正解語を二つ作成せよ。

【5】 ラウンドトリップ機械翻訳（対訳辞書）を用いて不正解語をつくる手法とシソーラスを用いて不正解語をつくる手法の利点をそれぞれ述べよ。

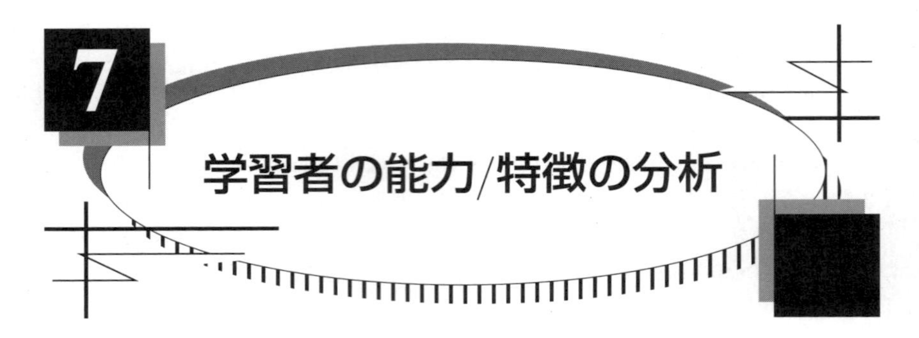

7 学習者の能力/特徴の分析

窓の外は雨。本書を執筆しようと，行きつけの喫茶店にちょっと出かけたら，世界の動きを止めてしまいそうな霧雨がいつのまにか降り始め，いつやむとも知れず梅雨の訪れを主張している。正に，「雨に降られた」である。だが，思い直してみると，雨を眺めながらの執筆も悪くない。

「雨に降られた」を英語に直すと，日本語の構文に引きずられて “I was rained.” としてしまいそうだが，正しくは “I was caught in a shower.” であろうか。また，「梅雨」にあたる英語表現はない気もする。「五月雨」，「時雨」，「小糠雨（こぬかあめ）」，英訳が難しそうな雨に関する表現は枚挙に遑（いとま）がない。そういえば「枚挙に遑がない」も英訳に困りそうである。外国語のことを考えると母語のことを強く意識させられる。

本章では，学習者の書いた文章から，学習者の能力や特徴を分析する手法について述べる。一口に能力や特徴といっても，語学能力試験のように具体的に語学レベルを判定するものから，上述のような母語の外国語への影響のように抽象的なものまで幅広い。本章では，まず，検定試験のように語学能力を測定する手法について概観する。その後，学習者の特徴分析の一環として，学習者コーパスから特徴的な表現を抽出する技術と母語干渉の分析について述べる。

7.1 言語能力の自動評価

〔1〕 タスク概要　本節では，教師支援の一環として言語能力の自動評価を紹介する。容易に想像できるように，評価の対象となる言語能力にはさまざまなものがある。少なくとも，ライティング，リーディング，スピーキング，リスニングの四技能がある。一つの技能についても，さまざまな評価観点がありえる。例えば，学習者のパフォーマンスを測定するのか，それとも学習の達成

度を測定するのかで大きく観点が変わる。

そもそも，言語能力は直接的には観測できないものである。そのため，間接的に測定するためのなんらかの尺度を用意する必要がある。また，能力評価の目的を設定し，評価内容や測定方法を設計する必要もある。いうまでもなく，これらは高度に専門的な知識を要する難しいタスクである。

言語能力の評価に関する難しさを正面から論じることは大切であるが，理解の容易さを優先して，いったん棚上げにしよう（ただし，言語能力評価は専門的で難しい問題である，ということはつねに意識することにしよう）。まずは，具体例として，語学学習支援のための言語処理で比較的研究が進んでいる**エッセイの自動採点**（automated essay scoring）を紹介する。言語能力評価における難しさは，「〔5〕発展的内容」で再度論じることにする。

エッセイの自動採点は，学習者が書いたエッセイ（自由記述作文）に対して，自動的に評価値（例えば1～6の6段階評価）を与えるタスクである。評価は，**総合的評価**（holistic score）と**分析的評価**（analytic score）の2種類に大別される。総合的評価は，一つのエッセイに対して全体スコアを一つ与える評価方法である。これに対して，分析的評価は，文法，語彙，内容など複数の観点についてスコアを与える評価方法である。エッセイの自動採点では，総合的評価がとられることが多いため，本節でも総合的評価を対象とすることにしよう†1。

さて，以上をまとめると，エッセイの自動採点の入力と出力はつぎのとおりである：

- 入力：エッセイ
- 出力：スコア（例えば1～6の整数値）

入力となるエッセイは，あるトピックに基づいて書かれる。エッセイの長さは数百語であることが多い。例えば，後述するe-rater2.0†2では平均250語程度である。出力は，6段階評価であることが多いようである。評価値がどのよう

†1　この意味での「評価」には“score”という英単語が当てられることが多い。一方，言語能力の「評価」という意味では“assessment”が用いられる。なお，言語処理で使われる評価（例：性能評価）は“evaluation”が用いられることが多い。

†2　https://www.ets.org/erater/about

な意味をもつかは，評価尺度に依存する。具体例として，e–rater 2.0 における評価値 1 と 6 の説明書きを示す（文献 16) より抜粋）：

スコア 1

- Little effort is made to persuade, either because there is no position taken or because no support is given.
- Lacks organization, and is confused and difficult to follow; may be too brief to assess organization.
- Lacks support.
- Little or no control over sentences, and incorrect word choices may cause confusion; many errors in spelling, grammar, and punctuation severely hinder reader understanding.

スコア 6

- Clearly states the author's position, and effectively persuades the reader of the validity of the author's argument.
- Well organized, with strong transitions helping to link words and ideas.
- Develops its arguments with specific, well–elaborated support.
- Varies sentence structures and makes good word choices; very few errors in spelling, grammar, or punctuation.

〔2〕 **性能と実例**　　エッセイ自動採点システムの実例は多い。英語のエッセイを対象にしたものに，e–rater†1, Project Essay Grade†2, Intelligent Essay Assessor†3, CASEC–WT†4，IntelliMetric†5，BETSY†6 などがある。BETSY については，Web サイトでシステムおよびソースコードがダウンロード可能である。日本語については限られているが，少なくとも JESS[60] がある。

---

†1　`https://www.ets.org/erater/about`
†2　`http://www.measurementinc.com/products/peg`
†3　`http://kt.pearsonassessments.com/download/IEA-FactSheet-20100401.pdf`
†4　`http://wt.casec.jp/`
†5　`http://www.vantagelearning.com/products/intellimetric/`
†6　`http://echo.edres.org:8080/betsy/`

文献16) に，e–rater 2.0 の性能が報告されている。同文献によると，e–rater 2.0 と人間の採点結果の一致率は約 97%であり，これは人間同士の一致率と遜色ない。ただし，ここでの一致の定義は，スコアの差異が 1 以内であれば一致とみなす緩和されたものである。なお，同条件でのベースラインシステム（最も頻度が高いスコアをつねに返すシステム）の一致率は 75〜80%と報告されている。

文献87) によると，GMAT からの 2 263 のエッセイについて評価したところ，Intelligent Essay Assessor と人間との相関係数は 0.85 であったという。同条件の人間同士の相関係数は 0.86 であり，ほぼ変わりがない。また，別の実験条件では，Intelligent Essay Assessor と人間との相関係数は 0.73，人間同士の相関係数は 0.75 という報告もある。

また，文献75) によると，一般的に，エッセイ自動採点システムと人間のスコアの相関係数は 0.70〜0.90 である（多くの場合，0.80〜0.85 であると報告されている）。これも，人間同士の相関係数と遜色がない。なお，以上も含めてエッセイ自動採点システムの性能は，文献59) によくまとまっている。

〔3〕 理論と技術　エッセイの自動採点は，これまでの章でたびたび扱った分類問題として解くことができる。「〔1〕タスク概要」で述べたように，エッセイの自動採点の出力はいくつかの得点カテゴリを表すスコアである。したがって，エッセイから採点に関係が深いと思われる情報を素性として抽出し，分類器の訓練を行うことで，エッセイ採点器が得られる。「〔2〕性能と実例」で紹介した BETSY もこのアイデアに基づく。

ここで，分類問題では各スコアは独立したカテゴリとして扱われることを指摘しておこう。つまり，スコア間に関係性がないと仮定している。しかしながら，実際には，直感的にわかるように，スコア間には関係がある。少なくとも，スコアには順序関係（1 のつぎは 2，2 のつぎは 3 など）が成り立つ。例えば，スコア 1 は，スコア 3 よりもスコア 2 に近い†。

† ただし，一般的には，スコア 2 がスコア 1 とスコア 3 のどちらに近いかはわからない。理想的には，スコア 2 はスコア 1 とスコア 3 の中間に位置することが望ましいが，この関係が成り立つ保証はない。

エッセイの自動採点に頻繁に用いられる別のアプローチとして，回帰問題として解く方法がある。分類問題では，通常，独立した離散的なカテゴリを求めるのに対し，回帰問題では実数値を求める。したがって，上述の順序関係は自然に満たされる。ただし，エッセイの自動採点におけるスコアは離散値であるので，得られた実数値を離散値に変換する処理が必要となる。例えば，実数値で表されたスコアを最も近いスコアカテゴリに丸めることで，離散値のスコアが得られる。

回帰問題を解く方法はさまざまなものがあるが，本項では，エッセイの自動採点でよく用いられる重回帰分析に基づいた手法を紹介しよう。まずは，理解の容易さを優先して非常に単純なケースで議論を進めよう。その後，より厳密な定式化を紹介する。

さて，当面のところ，単純化のため，スコアはエッセイの長さ（エッセイ中の総単語数）のみに基づいて決定されるとしよう。直感的には，多く書けるほど能力が高いと予想できるので，エッセイの長さに比例してスコアを求めるモデルを考えることができる。このことは

$$\hat{s} = wx \tag{7.1}$$

のように式で表すことができる。ただし，$\hat{s}$ はスコアの推定値を表す。また，x と w は，それぞれ，エッセイの長さと対応する重みである。上述のように，多く書けるほど能力が高いと予想できるので，w は正の値[†]をとるであろう。例えば，訓練データとして，{スコア 1：100 語，スコア 2：200 語，スコア 3：300 語，スコア 4：400 語，スコア 5：500 語，スコア 6：600 語} が与えられたとすると，どのデータを式 (7.1) に代入しても，$w = 0.01$ となり重みが一意に決定できる。

この例では，説明のために作為的に訓練データを作成したが，一般の訓練データでは，{スコア 1：100 語，スコア 1：110 語，⋯，スコア 6：650 語} のように，単純な代入では w が一意に決定できないのが普通である。

---

† ただし，スコアが正の値のみをとる場合である。

この問題に対応するために，実際のスコアの値とスコアの推定値との差異ができるだけ小さくなるように w を決定することを考える。言い換えれば推定精度がなるべく高くなるように w を決定することを考える。スコアの実際の値とスコアの推定値の差異は

$$s - \hat{s} \tag{7.2}$$

で表すことができる。これは訓練データにおける一つの事例に対する差異である。訓練データ全体での差異は，つぎの二乗誤差の和†で表すことができる：

$$\sum_{i=1}^{N}(s_i - \hat{s}_i)^2。 \tag{7.3}$$

ただし，式 (7.3) では，添字 i により訓練データ中の個々の事例を区別している（例えば，s_1 は一番目の訓練エッセイのスコアの値）。式 (7.3) は，式 (7.1) を用いると

$$\sum_{i=1}^{N}(s_i - wx_i)^2 \tag{7.4}$$

と書き換えられる。したがって，式 (7.4) が最小となるように w を決定すればよい。

幸い，式 (7.4) の最小化問題は解析的に解くことができる。言い換えれば，式 (7.4) を w で微分して 0 とおくことで w が求まる。実際に微分を実行すると

$$\left\{\sum_{i=1}^{N}(s_i - wx_i)^2\right\}' = -2\sum_{i=1}^{N}x_i(s_i - wx_i) \tag{7.5}$$

となる。これを 0 とおくと

$$-2\sum_{i=1}^{N}x_i(s_i - wx_i) = 0,$$

† 式 (7.2) で表される差異（誤差）は正の値にも負の値にもなるため，単純に和をとると正の項と負の項で打ち消し合ってしまう。そのため誤差を二乗してすべて正の値にしてから和をとったのが式 (7.3) である。別の方法として誤差の絶対値の和をとることもできるが，後に最小値を求めるために微分することを考えると二乗誤差のほうが扱いがよい。

$$\sum_{i=1}^{N} s_i x_i = w \sum_{i=1}^{N} x_i^2,$$

$$w = \frac{\sum_{i=1}^{N} s_i x_i}{\sum_{i=1}^{N} x_i^2} \tag{7.6}$$

という結果が得られる。念のため，式 (7.6) に上述の訓練データの値を代入すると $w = 0.01$ となり，すでに求めた重みと一致することがわかる（章末問題【2】）。

さて，ここまでは単純化のため，エッセイの長さのみに基づいてスコアを推定することを考えてきたが，ここからは，複数の素性を用いることを考えよう。複数の素性は，ここまでの章で見たように，素性ベクトルで自然に扱える。すなわち，素性 x を素性ベクトル$\boldsymbol{x}$に拡張することで複数の素性を扱える。これに対応して，重みのほうも重みベクトル$\boldsymbol{w}$で表すことにしよう。これらの表記を用いると，式 (7.1) を

$$\hat{s} = \boldsymbol{w}^t \boldsymbol{x} \tag{7.7}$$

のように拡張できる†。さらに，スコアの範囲を調整するための切片 b を加えると

$$\hat{s} = \boldsymbol{w}^t \boldsymbol{x} + b \tag{7.8}$$

重回帰分析の式が得られる。重み $\boldsymbol{w}$ および b を求めるための式は，式 (7.6) のときと同様に，式 (7.8) を式 (7.3) に代入して，（偏）微分して 0 とおくことで求まる。

以上で，スコア推定のための式と重み決定のための式は得られた。残るは，素性としてどのような情報を用いるかである。当然，エッセイの評価観点を反映

† ベクトルに拡張したために，式 (7.1) の掛け算が式 (7.7) では内積になっている。ただし，行う演算は，式 (7.1) と同様にベクトルの各要素同士の掛け算（とその足し算）である。

した素性であることが好ましい。エッセイの評価観点に決まったものがあるわけではないが，従来研究で用いられるものにつぎのようなものがある：

- 構造（structure）：文法の多様性。さまざまな構造が使われているか。
- 組織化（organization）：論旨の展開などの文章構成。
- 内容（content）：内容の適合度や幅。
- 形式（style）：文章のスタイル。エッセイの形式に従っているか，避けるべき表現（スラング，差別用語）を使用していないかなど。
- 技巧（mechanics）：表記に関する使用法。例えば，綴り誤り，大文字/小文字の誤り，句読点に関する誤りなど。

ただし，文献により，使われる言葉が異なることや同じ言葉でも指すものが違うことがあるので，注意が必要である。また，これら5種類以外の観点が用いられることもある。例えば，文法や語彙といった観点が用いられているエッセイ自動採点システムもある†。

以上を踏まえ，e–rater 2.0 で実際に使用されている素性[16] を紹介しよう：

(1) 総語数に対する文法エラーの割合
(2) 総語数に対する語の使用法についてのエラーの割合
(3) 総語数に対する技巧のエラーの割合
(4) 総語数に対する形式についてのエラーの割合
(5) 必須談話要素の数
(6) 談話要素の平均長がエッセイ全体に占める割合
(7) 対象エッセイと類似度が一番近い訓練エッセイのスコア
(8) 最高点の訓練エッセイとの類似度
(9) Type–Token Ratio（異なり語数/総語数）
(10) 語彙の難易度（難解語リストに記された単語のエッセイ中の対数頻度）
(11) 平均単語長（平均文字数）
(12) 総語数

(1)～(4) は，専用の検出モジュールの検出結果に基づいて計算される。(1) に

† 「文法」は，上述の観点の「構造」に含まれる場合もある。

は, 4 章で紹介した文法誤り検出技術を応用することができる。(2) では, 語が文脈に応じて正しく使われているかを検出する。例えば, “its/it's” や “affect/effect” の使い分けが代表的である。(5) と (6) は, **談話**（discourse）に関するものである。すなわち,「組織化」に関する評価である。(5) では, 専用のモジュールを用いて談話要素を認識し, 八つの必須談話要素（一つの thesis, 三つの main idea, 三つの supporting idea, 一つの conclusion）のうちいくつがエッセイに含まれているかを求める。(6) は, 談話要素中の単語数を総単語数で割った値である。(7) と (8) は, 上述の「内容」に関するもので, どちらも余弦類似度[81)]†1に基づいて決定される。対象エッセイと訓練エッセイをベクトルに変換し†2, ベクトル間の余弦類似度を計算する。ただし, (7) については余弦類似度そのものでなく, 余弦類似度が最大となる訓練エッセイのスコアであることに注意が必要である。(9) 以降は, エッセイに関する単純な統計量である。

以上のような数式と素性を用いて重回帰分析が行われる。文献 16) によると e–rater 2.0 では, 重回帰分析の重みの決定に 200〜250 の訓練エッセイが用いられる。

〔4〕 **実際的な情報**　エッセイの自動採点は, どのように利用されるのであろうか。一見すると学習者支援としても教師支援としても使えそうである。ただし, 総合的評価のみを出力する自動採点システムは, 学習者支援にあまり向かないであろう。なぜなら, 評価としてエッセイの点のみが与えられても, その先どのように自分の語学能力を向上させたらよいか学習者にはわかりにくいからである。一方で, 教師支援としては, 総合的評価のみでも十分に役に立つであろう。特に, 採点支援として有益である。語学能力試験や教室内で実施される各種試験において, エッセイの採点は時間と労力のかかるコストの高い作業である。エッセイの自動採点システムは, そのコストを大幅に削減すると期待されている。ただし, 他の技術と同様に, エッセイの自動採点技術には限界

†1　ただし, 文献 81) では余弦類似度をコサイン尺度と表記していることに注意。
†2　例えば, 単語の IF · IDF[175)] などをベクトルの要素値とすることができる。IDF については, 4.2 節も参照のこと。

があるため，すべてを自動化することは難しい。特に，語学能力試験など高い採点精度が求められる場合には全自動化は難しい。

より信頼性の高い評価を実現するため，人間の採点と自動採点を組み合わせる方法がとられる。通常の人間の採点でも，語学能力試験などでは，二人（もしくはそれ以上）の採点者が一つのエッセイを採点することが多い。採点結果が一致しない場合には，新たな採点者が採点を行い，不一致を解消する。同様のプロセスを人間と自動採点の組合せでも行う。人間の採点者のうち一人を自動採点に置き換えるわけである。人間の採点結果と自動採点結果が一致しない場合には，別の人間の採点者が採点を行うことになる。こうすることで，すべて人間が採点する場合よりもコストを低減できる。例えば，前述のとおり e–rater 2.0 の採点一致率は 97%であるので，人間二人の採点者のうち一人を e–rater 2.0 に置き換えた場合，人間の採点する量はほぼ半分（正確には 51.5%；章末問題【1】も参照のこと）に減らすことができる。

以上のように，実用では，人間の採点と自動採点を組み合わせるのがよいであろう。人間の採点と自動採点を組み合わせるという観点からは，エッセイの自動採点を，いかに人間の採点する量を減らすかというタスクとして捉えることもできる。このように捉えると，直接的に採点結果を出力するだけではなく，似た答案（エッセイ）をまとめることや特異な答案を検出することも役に立つであろう。前者はクラスタリングとして，後者は特異値検出として定式化できる。また，語学能力試験のように大量のエッセイを採点する状況下では，どのエッセイから採点するかということも重要である。これはエッセイの並べ替えや適応学習といったタスクとなる。

性能向上のための実際的な情報として，採点のためのモデルのパラメータ（例えば，重回帰分析の結果得られる重み）の人手によるチューニングがある。素性の重要度に関してなんらかの事前知識がある場合，その事前知識に従いモデルのパラメータを修正することで，性能向上が期待できる。特に，本節で紹介した重回帰分析に基づいた手法では，通常，重みの数は少なく解釈が比較的容易なため，人手によるチューニングが行いやすい。訓練により得られた重みのうち一部を人手で修正するわけである。もしくは，一部の重みを定数として設定し，残りを訓練で決定することも可能である。実際，e–rater 2.0 では，後者の方法がとられており，文書長（総単語数）に過度に依存してスコアを推定することを避けている。

ただし，重回帰分析により得られる重みの解釈はそれほど簡単ではなく，取扱いに注意が必要である。例えば，いま，総単語数と Token–Type Ratio の 2 種類の素性に対する重みが，それぞれ 0.2，0.1 と与えられているとしよう。見た目上の解釈は，「総単語数は Token–Type Ratio の 2 倍重要である」となる。さらに，これを長さの影響を半分に低減するために，総単語数の重みを 0.1 にしたとしよう。しかしながら，2.2.3 項で見たように，総単語数と Token–Type Ratio には相関があるため[†1]，実際には文書長の影響は半分にはならない。総単語数が Token–Type Ratio にも影響を与える，言い換えれば，素性間の相関があるためである。これ以上の議論は本書の範囲外となるため，多変量解析や統計の専門書を参考にされたい。

〔5〕 発展的な内容　「〔3〕理論と技術」では，エッセイの自動採点の代表的な手法として回帰分析に基づいた手法を紹介したが，すでに述べたように本タスクは分類問題としても解ける。回帰問題として解くべきか分類問題として解くべきか一概にいうことは難しいが，両者にはそれぞれメリットがある。回帰問題については，「〔3〕理論と技術」の冒頭で述べたように，スコアの順序関係が自然に考慮できるというメリットがある。しかしながら，回帰分析では同時にスコアが距離尺度[†2]であることも仮定してしまう。一般に，人の採点により得られるスコアが距離尺度の条件を満たすという保証はない。一方で，分類問題として解く場合は，距離尺度を仮定する必要はない。

別のアプローチとして，内容に関する評価に，文書検索の分野で使われる**潜在的意味インデキシング**（latent semantic indexing，**LSI**）[81]が用いられることもある。詳細は専門の文献に譲るが，潜在的意味インデキシングを用いると

---

†1　総単語数が増えると，緩やかではあるが Token–Type Ratio の値も増える。

†2　尺度については文献 183) などが詳しい。

語の意味的関連性を考慮して内容の評価を行うことができるようになる。このことにより，訓練データに出現しなかった語でも，エッセイの内容評価に利用できるようになる。「〔2〕性能と実例」で紹介したIntelligent Essay AssessorやJESSでは，この技術が使われている。

近年注目されつつあるアプローチとして，ニューラルネットワークを用いる方法もある。この方法は，潜在的意味インデキシングと同様な効果だけでなく，他にも興味深い特徴を有する。Alikaniotisら[3)]は，入力を単語列，出力をエッセイのスコア（と元の単語列）とするニューラルネットワークにより，エッセイの自動採点を行う手法を提案している。この手法は，スコアの推定性能を改善しただけでなく，文章中のどの部分が自動採点において重要であったかの情報を可視化できる。同文献によると，正しい句読点の用法や長い依存構造に対して，高いスコアを与えるようである。ただし，同文献に示された可視化の例は，直感にそれほど合うものではなく，今後，改善が期待される。いずれにせよ，採点における重要な箇所の可視化は，今後，教師支援に大きく寄与する技術となるであろう。

ここまで，「言語能力の自動評価」の一環として，エッセイの自動採点を主に論じてきたが，別の技術として語彙知識予測がある。詳細については，専門の文献（文献29）などが詳しい）に譲るが，語彙知識予測とは，学習者が個々の単語を知っているかどうかを予測するタスクである。また，5章で述べた，個別の学習者を対象にした難解語の同定にも関連が深い。基本的には，学習者に語彙に関する問題をいくつか解いてもらい，その結果を基にそれ以外の単語を知っているかどうかを推定する。語彙知識予測はすでに実用化されており，例えば，語彙量を推定するサービス†が利用可能である。

最後に，ここまで棚上げにしてきた言語能力の評価の難しさについて議論し，本節を締めくくることにしよう。本節の冒頭で述べたように，言語能力は直接

† 語彙数推定テスト（日本語）：http://www.kecl.ntt.co.jp/icl/lirg/resources/goitokusei/goi-test.html；WordEngine（英語）：http://www.wordengine.jp/vcheck などがある。

的には観測できないものである。そのため，なんらかの尺度を用意して間接的に測定する必要がある。例えば，エッセイの自動採点では，学習者にエッセイライティングをさせることにより言語能力を測定する。言語能力を測定する際には

- 測定内容
- 測定形式
- 実施方法
- 結果の利用

を検討する必要がある。

「測定内容」では，どのような能力を測定するのかを検討する。エッセイの自動採点においては，学習者はエッセイライティングを行うのであるから，測定対象はライティング能力である。ただし，ライティング能力はさらに細分化されることに注意が必要である。例えば，ジャンル（例：エッセイなのか手紙なのかなど），文法（文法的に正しく書けるか），内容（内容の深さ）などがある。さらに，**到達度評価**（achievement assessment）と**熟達度評価**（proficiency assessment）の違いもある。「到達度評価」は，なんらかのカリキュラムに沿って行われた教育の成果を確認するために実施される評価である。一方で，「熟達度評価」は，特定のカリキュラムを想定しない不特定多数の人の言語能力を測定する評価である。

「測定形式」では，対象とする能力をどのような形式で測定するかを決定する。対象能力がエッセイライティング能力の場合，測定形式は，「学習者にライティングをさせる」のように自明であるように思えるかもしれない。しかしながら，エッセイライティングに必要な語彙や文法項目を対象にした多肢選択形式でも，エッセイライティングの能力を測定することが可能である。前者を直接的評価，後者を間接的評価と呼ぶ。

「実施方法」では，どのような環境で評価を実施するのかを明確にする。語学学習支援のための言語処理では，通常，コンピュータを利用する評価環境であるが，クラスのように一度に多人数の能力を測定するのか，e–learning のよう

に個人の能力を測定するのかの選択肢がある。また，測定にかける時間も「実施方法」で検討すべき項目に含まれる。

「結果の利用」では，評価結果を誰がなんのために利用するのかを検討する。例えば，大学入試における言語能力の評価と e–learning における言語能力の評価では，「結果の利用」方法が異なり，そのことが「測定内容」，「測定形式」，「実施方法」にも影響を及ぼすであろう。

以上のように，言語能力の評価には検討しなければならない項目が多い。残念ながら，言語能力の自動評価に関する研究論文では，各項目が詳細に述べられることはまれである。用いる理論や技術に影響を与えるはずであり，本来であれば明確にすべきであろう。これ以上は本書の範囲を超えるため立ち入らないが，言語能力の自動評価の研究・開発を行う際には，言語能力の評価に関する専門書（例えば，文献52) など）を一冊読んでおくとよいであろう。

7.2 学習者コーパスからの特徴表現抽出

〔1〕 タスク概要 本節では，学習者の特徴を反映する表現を自動的にコーパスから抽出する手法について説明する。言い換えれば，与えられた学習者コーパスから，学習者の傾向なり習熟度なり，なんらかの特徴を表す語句を発見するタスクである。ただし，抽出の対象となるのは単語（列）だけでなく，品詞(列)，構文なども含む（以降，本節では，「表現」とはこれらすべてを指すことにする)。そのような特徴的な表現は，教師だけでなく語学学習に関連した研究者にも有益であろう。したがって，特徴表現抽出は，教師支援だけでなく研究者支援としての側面ももつ。また，場合によっては，学習者にも有益なため学習者支援と捉えることもできる。

特徴表現は，学習者個人の特徴表現と学習者のあるグループ（例：日本人英語学習者や大学生など）に関する特徴表現の 2 種類に大別される。学習支援としては両方とも有益であるが，言語処理の観点からは後者を対象とするほうが多い。なぜなら，後者の場合，大量のデータを利用でき，言語処理に適しているからである。

注意しなければならないのは，「特徴」というのは相対的な意味合いが強いということである。ある表現が特徴的というのは，例えば，母語話者に比べて学習者が頻繁に使用する表現（過剰使用）のように，二つのものの比較によって決まることが多い。そのため，特徴表現抽出は2種類のコーパスの比較に基づくことが多い。代表的な例は，学習者コーパスと母語話者コーパスの比較である。この場合は，母語話者に対する学習者の特徴表現を抽出することになる。また，学習者コーパス同士の比較という場合もある。母語の影響や習熟度などを分析する場合がこのケースに当たる。さらに，学習効果の分析を目的とすると学習前後に収集した言語データの比較になる。

特徴表現抽出の一般的な入力と出力はつぎのとおりである：

- 入力：学習者コーパス（と比較用コーパス）
- 出力：特徴表現のリスト

入力の学習者コーパスは，個々の学習者の書いた文書を識別できるように文書単位を明示した形で与えることが多い。これは，後述するように，学習者個々の情報を抽出に利用するためである。また，出力である特徴表現のリストには，特徴表現だけでなく抽出の過程で計算された特徴度（特徴の度合いを表す数値）も含めることがある。その場合，得られる特徴表現リストは，特徴度順にソートすることが多い。

〔**2**〕 **性能と実例**　特徴表現抽出の性能評価は難しい。なぜなら，あるグループに属する学習者の特徴表現の網羅的なリストをあらかじめ用意することが難しいからである。そのため，特徴表現抽出で得られたリストを定性的に評価することが多い。ただし，得られたリスト中の特徴表現が本当に特徴的かどうか主観評価を行うことで，一応のところ抽出正解率を算出することは可能である。例えば，文献71)の手法の抽出正解率は，平均76～79%であると報告されている。ここで注意すべきことは，特徴表現抽出において，抽出正解率の向上は2次的な目的であるということである。最終的に目指すことは，抽出された特徴表現を通じて，なんらかの学習者の特徴を明らかにすることである。そ

のため多少のノイズが抽出結果に含まれていたとしても実用上問題ないことが多い。以上のことを考慮すると，定性的な評価が重要な意味をもつといえる。

表 7.1～**表 7.3** に，特徴表現抽出の実例として，頻度に基づいた手法，補完類似度（CSM）に基づいた手法[179]，順位差と一般性に基づいた手法[109]，それぞれの抽出例を示す（各手法の詳細については，「〔3〕理論と技術」で述べる）。対象コーパスは，材料科学分野の論文（Journal of Non–Crystalline Solids†）である。第一著者の所属が日本/アメリカである論文各 120 編（計 240 編）の比較により抽出した結果である（ただし，頻度に基づく手法は，比較を行わな

表 7.1 頻度に基づいて抽出された特徴表現

非母語話者の特徴表現	母語話者の特徴表現
NUM NUM NUM	NUM NUM NUM
NUM NUM and	NUM NUM and
NUM and NUM	NUM and NUM
fig NUM shows	in fig NUM
in fig NUM	shown in fig
shown in fig	due to the
due to the	fig NUM shows
on the other	the formation of
the other hand	a function of
other hand ,	from NUM to

NUM：数字列

表 7.2 CSM に基づく手法[179]で抽出された特徴表現

非母語話者の特徴表現	母語話者の特徴表現
on the other	as well as
the other hand	the presence of
other hand ,	the use of
NUM NUM NUM	fig NUM and
fig NUM shows	NUM and NUM
NUM shows the	between NUM and
than that of	was used to
, which is	a function of
as shown in	, as well
, and the	to determine the

NUM：数字列

† http://www.journals.elsevier.com/journal-of-non-crystalline-solids/

表 7.3　順位差と一般性を考慮した手法[109]で抽出された特徴表現

非母語話者の特徴表現	母語話者の特徴表現
mechanism of the	ability to
to clarify	for a given
number of the	data from
to clarify the	differences between
with each other	to minimize
the relation between the	be found in
while that of	allow for
the mechanism of the	as measured by
ascribed to the	indicative of
expressed by	was performed on

いため，母語話者の論文は使用していない)。なお，両コーパスとも謝辞の部分は使用していない。

特徴表現抽出を行うツールとして，手法 71) を実装したツール Nee[†1]が公開されている。また，Nee を日本語コーパス向けに拡張した jNee[†2]もある。

〔**3**〕　**理論と技術**　　本項では，特徴表現抽出の代表的な手法として，頻度に基づいた手法，補完類似度に基づいた手法[179]，品詞列の分布に基づく手法[170]，順位差と一般性に基づいた手法[109]を紹介する。大まかにいうと，これらの手法は，この順で拡張がなされている。

頻度に基づいた手法は，最も基礎的な手法の一つである。この手法は，表現を頻度順にソートして上位何件かを特徴表現とするシンプルな手法である。この手法は，例えば，文献 46) で特徴表現抽出に使用されている。また，これ以外の手法でも，なんらかの形で頻度情報を抽出に用いていることが多い。

ここで，頻度に基づいた手法を形式化しておこう（ここでの記号は，その他の手法の説明でも使用する)。いま，ある表現を w で表すとする。表現 w は，単語（列）の他に，品詞（列）や構文木の部分木（例：CFG の書換え規則）でもよい。ただし，w は，単語であれば単語というように同種のものを対象とす

---

†1　http://nlp.ii.konan-u.ac.jp/tools/edu-mining/nee/
†2　http://nlp.ii.konan-u.ac.jp/tools/edu-mining/jnee/

ることが一般的である†。また，コーパス中の w の出現頻度を $f(w)$ で表すとする。このとき，$f(w)$ の降順で w をソートして，上位 K 件を出力したものが特徴表現抽出の結果となる（$K = 10$ や $K = 50$ のように小さな整数が選ばれることが多い）。

この手法で学習者の特徴表現を抽出できる可能性はある。しかしながら，高頻度な語句を単純に特徴表現とすると，学習者固有の表現ではなく，母語話者英語の特徴でもある表現を抽出してしまう可能性がある。言い換えれば，英語における一般的な表現を抽出してしまう傾向にある。実際，表 7.1 を見ると，ほとんどの表現が学習者と母語話者で共通していることがわかる。また，単純な頻度のみに基づくと英文のジャンルやトピックの影響も受けやすい。したがって，2 種類のコーパスを比較することが重要になる。逆にいえば，一つのコーパス内での頻度にのみ基づいて，特徴的かどうかの判断を行うのは危険である（この辺りの議論は文献 127) が詳しい）。

この問題に対処するために，多くの手法が 2 種類のコーパスの比較に基づいている。文献 179) によると，その中でも性能がよいのが補完類似度に基づく手法である（同文献では，コーパスから得られる統計量に基づいたさまざまな手法の比較が詳細に議論されている）。**補完類似度**（complementary similarity measure, **CSM**）は，2 種類のコーパスから得られた頻度に基づいて計算され，表現の特徴度として用いることができる。よって，補完類似度の降順にソートすることで特徴語リストを得ることができる。

補完類似度を説明するために，先ほど導入した記号を少し拡張する。2 種類のコーパスから得られる頻度を区別するために，f に添字 L と N を用いる。例えば，$f_L(w)$ と $f_N(w)$ は，それぞれ表現 w の学習者コーパス中と母語話者コーパス中の頻度のようになる（以下では，学習者コーパス L と母語話者コーパス N を想定して議論を進める）。また，w 以外の表現の頻度を $\overline{f}$ で表すことにする。上の例に従えば，$\overline{f_L(w)}$ は w 以外の表現の学習者コーパス中での頻度を意味する。このとき，w に対する補完類似度は

† そうしないと，頻度でソートしたときに問題が起こる。

$$c(w) = \frac{f_L(w)\overline{f_N(w)} - \overline{f_L(w)}f_N(w)}{\sqrt{(f_L(w)+f_N(w))(\overline{f_L(w)}+\overline{f_N(w)})}} \tag{7.9}$$

で定義される。式 (7.9) の意味するところは，学習者コーパス L 中に占める表現 w の割合が高ければ高いほど，また，母語話者コーパス N 中に占める表現 w の割合が低ければ低いほど，特徴的な表現であるということである。したがって，頻度に基づく手法とは異なり，2 種類のコーパスどちらでも高頻度な表現は，相対的に低い特徴度（補完類似度）が与えられることとなる。実際，表 7.2 を見ると，頻度に基づく手法と補完類似度に基づく手法では，抽出される特徴表現の傾向が異なることがわかる。

補完類似度の問題点として，トピックや個人の特徴に影響されやすい点を挙げることができる。特定のトピックに頻出する表現は補完類似度が高くなる傾向にある。また，ある特定の個人が頻繁に使用する表現についても同様である。しかしながら，そのような表現は学習者に共通する特徴というより，トピックや個人の特徴である。言い換えれば，補完類似度は，特徴表現の一般性を考慮していないといえる。

このことを具体的に考察してみよう。M 人分のエッセイからなる学習者コーパスにおいて，ある表現 w を一人の学習者が M 回使用した場合と M 人の学習者がそれぞれ 1 回使用した場合では，頻度 $f_L(w)$ の値は等しくなる。したがって，w 以外の表現の使用頻度が同じであれば，w の補完類似度の値も両者で等しくなり，どちらのケースも等しく特徴的であると判断される。実際には，後者のほうが，より学習者に共通した特徴といえるであろう。この考察からわかるように，特徴表現抽出では，どれくらいの学習者に共通して使用される表現かという一般性の考慮も大切である。

トピックや個人の特徴から受ける影響を低減する方法に，品詞列の利用がある（例えば，品詞の分布に基づいた手法[170)]）。単語を品詞に置き換えることにより文書の内容が抽象化され，トピックや個人の特徴から受ける影響が小さくなるわけである。一方で，得られる特徴表現が品詞（列）であるため，その解釈が単語の場合より困難であるというデメリットもある。

トピックや個人の特徴から受ける影響をより直接的に低減する手段として，一般性の考慮がある。一般性は，各表現が対象コーパス中でどれだけ広く一般的に使用されているかに基づいて計算することができる。すなわち，多くの文書に出現する表現ほど特徴的であるとする。逆にいえば，一部の特定の文書だけに頻出する表現は，特徴度が低いとする。以上が，基本的なアイデアである。

一般性を考慮する手法の例として，先ほど挙げた品詞の分布に基づいた手法[170]を再び取り上げよう。まず，同手法で使用される記号を定義しておこう。同手法では，x，y，z それぞれを品詞とした品詞 tri–gram xyz の分布に基づいて特徴表現（特徴品詞列）を抽出する。ここで，品詞 tri–gram 分布とは，品詞列 xy に品詞 z が後続する条件付き確率 $\Pr(z|xy)$ のことを指す。このときの品詞列 xy を条件部と呼ぶ。また，学習者コーパス L における分布と母語話者コーパス N における分布を，それぞれ，$\Pr(z|xy, L)$ と $\Pr(z|xy, N)$ と表すことにする。さらに，学習者コーパス中の個別の文書を d で表すことにする。上述の分布と同様に，$\Pr(z|xy, d)$ で文書 d における品詞 tri–gram の分布を表すとする。

さて，同手法で抽出対象となる特徴表現は，条件部に当たる品詞列である。すなわち，品詞 tri–gram の分布に基づくが，実際に抽出されるのは品詞 bi–gram となる。条件部 xy の特徴度は，学習者コーパスおよび母語話者コーパスにおける品詞 tri–gram 分布 $\Pr(z|xy)$ の差異に基づいて決定される（したがって，同手法でも 2 種類のコーパスの比較を行う）。具体的には

$$\beta(xy, d) = \Pr(xy|d) \sum_{z} \Pr(z|xy, d)\{\log \Pr(z|xy, L) - \log \Pr(z|xy, N)\} \tag{7.10}$$

に基づく†。式 (7.10) の中括弧の内側は，学習者コーパスおよび母語話者コーパ

† ここでは，説明のため文献 170) で提案されている式を変形して表している。オリジナルの式では，KL ダイバージェンスに基づいて品詞 tri–gram の分布の差異を測る形式となっている。詳細は，同文献を参照されたい。

スにおける品詞 tri–gram 分布の差異に対応する[†1]。言い換えれば，学習者コーパスと母語話者コーパスでは，xy の後に z が出現する確率がどれくらい異なるかを表す。さらに，$\sum_z$ の中では，この分布の差異に $\Pr(z|xy,d)$ を掛けて z について総和をとっていることに着目すると，品詞 tri–gram 分布の差異の期待値を計算していると解釈できる[†2]。すなわち，条件部 xy に着目したときの，文書 d における品詞 tri–gram 分布の差異の平均的な値である。最終的に，文書 d における xy の出現確率 $\Pr(xy|d)$ を掛けたものが式 (7.10) である。これが，文書 d における条件部 xy の特徴度である。なお，式 (7.10) は，特徴表現の抽出対象となっている学習者コーパス中の文書それぞれについて計算されることに注意されたい。

前置きが長くなったが，一般性の考慮は式 (7.10) を用いて行われる。一般性に関する一つの条件は，同式の値が閾値 θ よりも大きくなる文書の割合が高いことである。具体的には，文献 170) では，閾値 $\theta = 1.5 \times 10^{-4}$ 以上となる文書の数が過半数となるように設定している。さらに，同文献では，もう一つ条件を課している。式 (7.10) を xy について和をとった

$$\begin{aligned}\alpha(d) &= \sum_{xy} \Pr(xy|d) \sum_z \Pr(z|xy,d)\{\log \Pr(z|xy,L) - \log \Pr(z|xy,N)\} \\ &= \sum_{xy} \beta(xy,d) \qquad (7.11)\end{aligned}$$

と $\beta(xy,d)$ の相関が高いということを条件とする。$\alpha(d)$ は，文書 d が学習者コーパス L にどれくらい近いかということを表す指標と捉えることができる。なぜなら，$\alpha(d)$ は，文書 d における品詞 tri–gram 分布が学習者コーパス L の分布に近いほど高い値となり，その逆も成り立つからである。したがって，$\alpha(d)$ と $\beta(xy,d)$ の相関が高い xy を特徴表現として抽出するということは，学習者らしい文章で特徴度が高くなる xy（一方，学習者らしくない文章で特徴度が低

[†1] ただし，log をとっているので差分ではなく，分布の比を考えていることになる。
[†2] 期待値は，確率変数と対応する確率を掛け合わせたものを確率変数のとりうる値全体にわたって足し合わせたものである。ここでは，品詞 tri–gram 分布の差異が確率変数，品詞 tri–gram 分布が対応する確率である。

くなる xy）を抽出するということにほかならない。これは，コーパス内の文書全体にわたって特徴度の傾向を考慮することになり，ある種の一般性の評価と解釈できる。

以上の手法により，文献170) では日本人英語科学論文に特徴的な品詞 tri–gram 分布の条件部（品詞 bi–gram）を抽出している。具体的には，「名詞による名詞の修飾・重出」(bi–gram：名詞–名詞)，「現在分詞による名詞の修飾」(bi–gram：名詞–現在分詞）などを特定している。

すでに述べたように，品詞（列）を抽出する手法では，得られる特徴表現の解釈が難しいというデメリットがある。そこで，2 種類のコーパスの比較と一般性の考慮を行い，単語列を特徴表現として抽出する手法[109)] も紹介しておこう。この手法では，単語 n–gram を抽出の対象とする。ただし，n は可変で，一度に複数の長さの n–gram を対象にして抽出を行う。また，この手法では，「前置詞は学習者にとって用法の難しい単語であり，学習者の特徴が出やすい」という仮説の下に，前置詞を含む n–gram のみを抽出対象としている。

この手法の概要を**図 7.1** に示す。同手法では，与えられたコーパスを 2 種類に分割して特徴表現の抽出を行う。一つは，コーパスの比較に用いるプロファイル作成用として使用する。ここで，プロファイルとは，（可変長の）n–gram を出現頻度の降順に並べたものである。もう一つのコーパスは一般性の評価用である。

学習者コーパスと母語話者コーパスの比較は，n–gram の順位差に基づいて

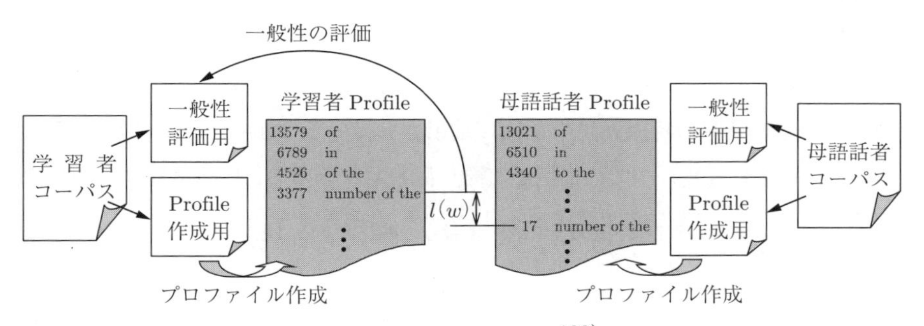

図 7.1 順位差と一般性を考慮した手法[109)] の処理の流れ

行う。いま，任意の n–gram を w とし，学習者コーパス L から得られたプロファイルにおける順位を $r(w, L)$ とする。同様に，母語話者コーパス N のプロファイルにおける順位を $r(w, N)$ で表すとする。このとき，順位差は

$$l(w) = r(w, N) - r(w, L) \tag{7.12}$$

で表される。$l(w)$ は，学習者コーパス L で頻出する（また，母語話者コーパス N であまり出現しない）w で大きな値となる[†1]ため，特徴度の一種と捉えることができる。実際，文書中の w についての $l(w)$ の総和は，母語話者/非母語話者の判別のよい指標となることが知られている[6)][†2]。この知見に基づくと，$l(w)$ は，w により，母語話者コーパスと非母語話者（学習者）コーパスをどれくらい判別できるかを表す指標と解釈できる。

一方，一般性の評価は文書頻度を利用する。すなわち，一般性評価用コーパス中で，w を含む文書数を一般性の指標とする。これは，より多くの文書に含まれる w ほど，一般性が高いと考えられるためである。

以上の順位差と一般性に基づいて，w に対する特徴度を

$$s(w) = l(w)g(w) \tag{7.13}$$

で定義する。ただし，$g(w)$ は文書頻度とする。よって，式 (7.13) は，順位差が大きく，かつ文書頻度が高い w ほど特徴的であるとする。

表 7.3 に同手法で抽出された，材料科学分野の論文における非母語話者/母語話者の特徴表現を示す。頻度に基づく手法で抽出された特徴表現（表 7.1）と，CSM に基づく手法で抽出された特徴表現（表 7.2）とは，大きく傾向が異なることがわかる。実際，表 7.3 と表 7.1/表 7.2 で共通する表現はない。表 7.3 において，非母語話者の特徴表現の 1 位に抽出されている “mechanism *of* the” について，対象コーパス中での使用を実際に観察してみると，母語話者コーパスで

†1　ここで考えているのは，頻度そのものではなく順位であることに注意。頻度が大きくなるほど順位は小さくなる。

†2　より厳密には，与えられた文書から作成したプロファイルと母語話者/非母語話者コーパスから作成したプロファイルとの順位差の総和をそれぞれ求め，値が小さいほうを判定結果とした場合である。詳細は，文献 6) を参照されたい。

は，“mechanism *in* the” や “mechanism *for* the” も多く使用されており，前置詞により意味の微妙な使い分けが行われていることがわかる。非母語話者では，このような使い分けが十分に行われていない可能性がある。その他，母語話者の特徴表現として，“ability *to*”，“data *from*”，“allow *for*” など，前置詞の使い分けについて示唆を与える特徴表現が抽出されている[†1]。また，“number of *the*” のように，文法誤りと思われる表現も抽出されている。

〔**4**〕 **実際的な情報**　ここまで，特徴表現抽出手法をいくつか解説してきたが，その利用方法には注意すべき点もある。抽出された特徴表現だけでなにかを結論付けるのは難しいという点である。多くの場合，抽出された特徴表現がコーパス中で実際にどのように使用されているかを分析することが必要になる。結局のところ，実際の文章を読んでみることが重要である。しかしながら，大規模なコーパス中のすべての文を分析することは不可能であるので，特徴表現抽出を利用して，効率よく重要そうな表現を分析するわけである。このように考えると，特徴表現抽出は，対象とするコーパスの傾向を把握するための検索支援と捉えることもできる。

また別の見方をすると，仮説生成支援と捉えることもできる。抽出した特徴表現とコーパス分析から学習者に関するなんらかの示唆が得られる場合がある。そのような示唆は，仮説の生成に有益である。ただし，生成した仮説を検証するためには，別途，コーパスを構築したり，より直接的に言語能力を測定したりすることが必要になるかもしれない。あくまでも，特徴表現抽出は，仮説生成のための支援と捉えておいたほうがよいであろう。

別の注意点として，コーパスの選定基準がある。すでに述べたように，特徴表現抽出では2種類のコーパスの比較が重要になるが，コーパスのサイズやトピックなどの条件をできるだけそろえるようにするとよい[†2]。多くの特徴表現抽出手法では，サイズやトピックの違いから受ける影響を低減するための工夫

[†1] 例えば，非母語話者コーパスでは，“ability in” や “ability of” が一般的であり，前置詞句で “ability” の説明を行う傾向にある。一方，母語話者コーパスでは，“ability to” のように不定詞での説明も多く見られる。詳細は，文献109) を参照のこと。

[†2] もちろん，トピックの違いによる特徴表現を知りたい場合はそのかぎりでない。

がなされているが万能ではない。そのため，コーパスを選定（もしくは，構築）する際には，明らかにしたい本質的な特徴のみに焦点が当たるように，それ以外の条件をそろえるようにするとよい。

〔**5**〕 **発展的な内容**　　日本語を対象とした場合，前処理としてトークン同定処理が必要となる。特徴表現抽出がトークンを基礎として行われることが多いからである。形態素解析処理を行うことで，日本語を対象とした場合でも，ここで紹介した手法を利用できる。ただし，非母語話者の文章は誤りを含むため，トークンの分割が正しく行われない可能性がある。このことは，特に，非母語話者の誤りに関する特徴表現を抽出する際に問題となるであろう。

この問題の一つの解決法として，文字 n–gram の利用を挙げることができる。文字 n–gram を対象とすれば，形態素解析などのトークン同定処理は必要なくなる。特に，手法 109) のように，可変長の n–gram を同時に扱える手法では，さまざまな長さの特徴表現が抽出されるため，間接的にトークン同定処理が行われていると考えることができる。実際，文献 71) では，可変長文字 n–gram を利用して，小学生が書いた文章から特徴表現を抽出し，学習効果の一部を明らかにしている。

日本語，英語を問わず，これまで紹介した手法を拡張する方法がいくつかある。実装が簡単なものとして，単語と品詞を混ぜた単語品詞列を対象にする方法を挙げることができる。例えば，内容語は品詞に置き換え，機能語は単語のままとした単語品詞列を対象にすれば，機能語の振舞いがより明確になる可能性がある。ただし，日本語の場合には，形態素解析が必要となり上述の問題があることに注意する必要がある†。同じような考え方として，句解析の結果得られる句のラベル（NP や VP）や，構文解析の結果得られる依存木や構文木（の部分木）を対象にすることも可能であろう。また，これらの組合せも同様に考えることができる（例：内容語のみ品詞に置き換えた部分木）。ただし，場合によっては，組合せが膨大になり，現実的な時間で計算が終わらない，有効な統

† 英語でも同じような問題が生じる可能性がある。誤りにより品詞解析に失敗する可能性があるからである。

計量が得られない，などの問題が生じることを念頭に置く必要がある。どのような組合せが，効率的で，有益な学習者の特徴表現を抽出できるかは，まだ詳細な議論が行われておらず，今後の研究成果が待たれる。

別の拡張として，フィルタリングの導入がある。目的によってはすべての特徴表現ではなく，ある特定の特徴表現を抽出したいことがある。この処理をフィルタリングと呼ぶ。例えば，前置詞に関する学習の効果を調査したい場合には，前置詞を含む表現が主に抽出対象となるであろう。その場合，前置詞を含む n–gram のみを対象として特徴表現抽出を行えばよい。ただし，一般に，脱落誤りを考慮する場合には，別途処理が必要である。前置詞については，直前に前置詞がない名詞句に対して，前置詞がないことを表す特殊な記号を挿入することで，この問題を解決できる（例："I went school." なら "I went ϕ school"）。特に冠詞については，この処理は重要である。なぜなら，学習者の英文では冠詞の脱落が頻出することが知られているからである。冠詞の場合は，冠詞がない名詞句について特殊な記号を挿入することになる。

7.3 母語干渉の分析

〔1〕 タスク概要 母語干渉とは，母語の言語システム†が別の言語に転移することをいう。少し正確でないが，簡単に言い換えれば，学習者の母語における語彙や文法規則などの影響が，学習対象の言語上で表出することをいう。日本人英語学習者の英語における，よく知られた母語干渉として，例えば，冠詞や複数形の "s" の脱落がある。この場合，基本的に冠詞と複数形を使用しないという日本語の言語システムが英語に転移した母語干渉となる。

母語干渉を明らかにすることはさまざまな観点から有益である。そもそも，どのような母語干渉が存在し，語学学習にどのような影響を与えるのか明らかにすることは言語学的に興味深い。また，そのようなことがわかれば，学習支

† ここでの言語システムとはコンピュータシステムのことではないことに注意。言語の構成要素というような意味である。

援を考える上で有益な情報となるであろう。語学学習支援のための言語処理という観点からは，手法の考案と改善に役立つ。例えば，文献111) では，日本人英語学習者の英文では冠詞の脱落が頻出することに着目し，冠詞誤り検出タスクを冠詞が必要かどうかを検出する 2 値分類問題に帰着させることで，大幅な性能改善に成功している。冠詞の脱落が多く見られる学習者に対して，冠詞の脱落を指摘することは，冠詞の使用を意識付けさせるためのよいフィードバックとなるであろう。また，文献146) では，前置詞誤り訂正を対象にして，母語ごとに誤りに関する事前分布（ある前置詞が別の前置詞に訂正される確率）を用意することで性能改善を行っている。ここでの事前分布は，前置詞に関する母語干渉を数値化したものと捉えることができる。以上のように，母語干渉に関する知見は，さまざまな場面で有益となる。

本節では，言語処理を利用した母語干渉に関する研究の一例として，筆者らが行った母語干渉の可視化[125)]を紹介しよう。この研究では，つぎのような仮説の検討を行った。母語干渉は母語の言語システムの転移であるから，母語が似ていれば (すなわち言語システムが似ていれば)，母語干渉の影響も似ている。したがって，母語干渉を反映して，さまざまな言語の母語話者が書いた文章を分類すると，母語に関するなんらかの関係性が得られると予想される。この予想をさらに発展させると，つぎのような仮説にまとめられる：

仮説： 母語干渉の影響により，非母語話者の文章から母語の類縁関係が復元できる。

この仮説の検証は，母語が異なる書き手の英文から，母語の類縁関係に対応する言語系統樹が復元できるかどうかにより行う。技術的には，階層型クラスタリングを非母語話者コーパスに適用する。したがって，本タスクの入出力は，つぎのとおりである：

- 入力：母語が異なる複数の英語学習者コーパス
- 出力：コーパスをクラスタリングした樹形図（系統樹）

また，付随的に得られるものとして，母語干渉に関わる要因がある。

〔**2**〕 **性能と実例**　　上述のタスクにかぎらず，母語干渉に関するタスクの

性能を客観的かつ定量的に評価することは難しい。多くの場合，得られた結果を過去の知見や内省に照らし合わせ，定性的に評価することになるであろう。

上述のタスクにおいて，印欧語話者の書いた英文（ICLE コーパス）から得られたクラスタリング結果を**図 7.2** に示す。図 (a) は，言語学者が再建した印欧語の言語系統樹（の一部）である。図 (b) は，上述のコーパスから自動的に構築された樹形図である。細かな差異はあるものの両図は酷似している。つまり，非母語話者の英文データから，母語の類縁関係がある程度復元できたといえる。したがって，この結果は仮説が正しいことを支持する。

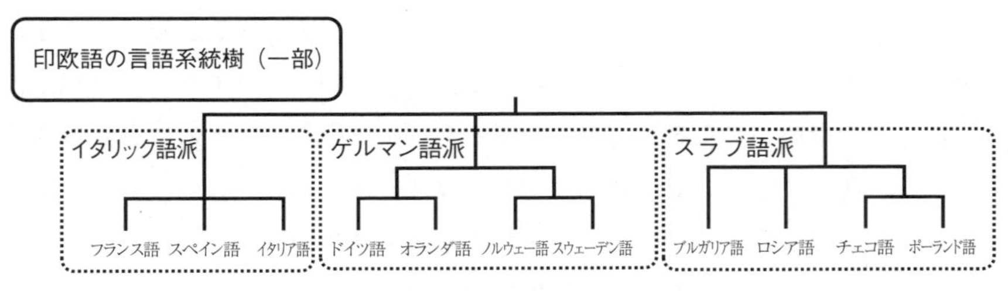

（a） 印欧語の言語系統樹（一部）

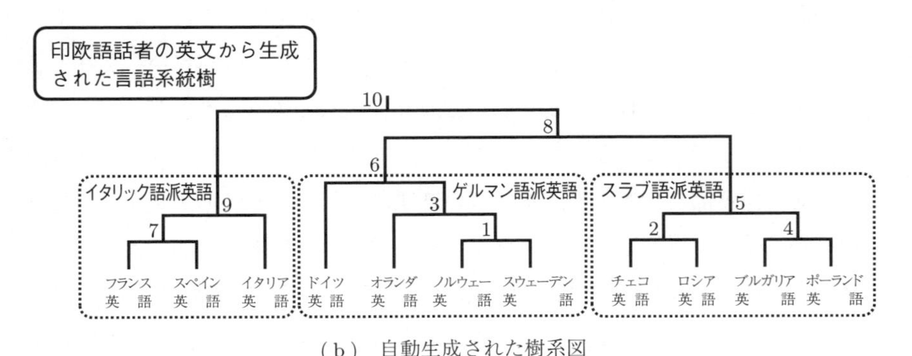

（b） 自動生成された樹系図

図 7.2 印欧語話者の英文から自動生成された樹形図

関連した実例として，与えられた英語の文章が母語話者により書かれたものか，非母語話者により書かれたものかを推定するツールを筆者が公開[†]している。

〔**3**〕 **理論と技術** 図 7.2 に示したような言語系統樹を生成する手法の基

† http://nlp.ii.konan-u.ac.jp/tools/edu-mining/n3/index.html

本アイデアは，階層型クラスタリングを利用するというものである。Kita[79)]が，さまざまな言語のコーパスから言語系統樹を復元する手法を提案している。Kita の手法では，綴りに基づいてさまざまな言語をモデル化する。具体的には，文字ベースの確率的言語モデルを用いる。言語系統樹の復元は，言語モデルに階層型クラスタリングを適用することで行う。クラスタリングで使用する距離は，言語モデル間の距離として定義する。Kita の手法には，他の従来手法と異なり言語学的な事前知識や基礎語彙表を必要としないという利点がある。

本節で紹介する手法は Kita の手法を基礎とするが，両手法には大きな違いがある。Kita の研究は，さまざまな言語を対象として言語系統樹を復元することを目的とする。一方，本タスクの対象は英語 1 種類のみである。より正確には，書き手の母語が異なる英文に内在する言語系統樹を復元することが目的である。この違いのため，Kita の手法をそのまま適用することはできない。例えば，本タスクで対象とする文章はすべて英語の綴り規則に従い書かれているため，綴り規則に基づいた Kita の手法は効果的でない。

この問題を解決するため，単語ベースの言語モデルを用いる。ただし，単語そのもので言語モデルを構築すると，母語干渉よりも文章の内容から受ける影響が大きくなる恐れがある。そこで，7.2 節で説明したような単語と品詞を混ぜた言語モデルを考えることにする。この言語モデルでは，名詞や動詞などの内容語は対応する品詞で置き換える。この処理により，以下に示すように，文章の内容から受ける影響を大幅に減らすことができる。具体的には，言語モデルの構築の前につぎの処理を行う。まず，各英文データを文に分割する。つぎに，品詞解析を行う。また，すべての単語を小文字に変換する。最後に，内容語は対応する品詞に置き換える。さらに，文頭と文尾には特殊な品詞 BOS と EOS があるとする。この処理により，例文：

He shipped the his coffee.

から

BOS PRP VB the his NN . EOS

が得られる。内容語を品詞に置き換えた文は，元の文の内容をほとんど反映していないことがわかる。一方で，*the his* の部分は，そのまま残されており，母語干渉を反映している†1。

ここで，手法の定式化を行うため，つぎの記号を導入する。いま，i 番目の言語の母語話者が書いた英文データを D_i と表す。また，D_i に対応する言語モデルを M_i と表す。言語モデル M_i は，Kita の手法にならい tri–gram モデルとする。言語モデル M_i の条件付き確率は，上述の前処理を施した言語データ D_i から Kneser–Ney（KN）スムージング[82] を用いて推定する。

このように M_i と D_i を定めると，あとは Kita の手法が自然に適用できる。クラスタリングアルゴリズムは，群平均法を利用した階層併合的クラスタリングを用いる。クラスタリングに必要となる距離は，言語モデル間の距離として定義する。言語モデル M_i が言語データ D_i を生成する確率は $\Pr(D_i|M_i)$ で表すことができる。ここでは，tri–gram モデルを考えているので，D_i 中の各 tir–gram に対応する条件付き確率を掛け合わせることで近似できる。このとき，言語モデル M_i から M_j への距離†2を，

$$d(M_i \to M_j) = \frac{1}{|D_j|} \log \frac{\Pr(D_j|M_j)}{\Pr(D_j|M_i)} \tag{7.14}$$

で定義する。ただし，$|D_j|$ は，D_j 中の tri–gram 数を表す。式 (7.14) は，元々 Juang ら[67] により提案され，Kita[79] により拡張されたものである。式 (7.14) の意味するところは，M_i，M_j それぞれが言語データ D_j を生成する確率の比に基づいて M_i から M_j への距離を定義するということである。さらに，一般に，$d(M_i \to M_j)$ と $d(M_j \to M_i)$ が非対称†3であることを考慮して，M_i と M_j の間の距離を両者の平均：

$$d(M_i, M_j) = \frac{d(M_i \to M_j) + d(M_j \to M_i)}{2} \tag{7.15}$$

で定義する。

†1 イタリア語やポルトガル語などでは，冠詞と所有形容詞を重ねることが可能である (e.g., il suo caffè)。

†2 数学的な意味での距離ではないが，従来研究での慣習に従い，ここでも距離と表記する。

†3 $d(M_i \to M_j) \neq d(M_j \to M_i)$ ということである。

以上をまとめると，言語系統樹を生成する手順はつぎのようになる：1) 各言語データの前処理を行う；2) 言語データから言語モデルを構築する；3) 言語モデル間の距離を計算する；4) 計算した距離を用いて，言語データのクラスタリングを行う；5) 得られた結果を言語系統樹として出力する。この手順を経て，ICLE コーパスから自動生成した樹形図は，すでに図 7.2 に示したとおりである。

〔4〕 実際的な情報　上で紹介した研究のように，母語干渉に関する研究を行うにあたり，母語が異なる学習者コーパスが必要となることが多い。そのようなコーパスとして，前述の ICLE に加え，ICNALE，ETS Corpus of Non–Native Written English などが利用可能である。

多くの場合，複数のコーパスを比較することになるが，コーパスのサイズ，トピックなどは極力そろえたほうがよい。同様の理由で，7.2 節で紹介した研究のように，トピックや文章の内容から受ける影響を低減させるために，品詞列や句ラベルなど抽象化した情報を使うことがある（もちろん，分析の目的に応じて，単語そのものを使用したほうがよい場合もあるだろう）。この辺りの事情は，7.2 節で取り上げた特徴表現抽出と同様である。

〔5〕 発展的な内容　「〔2〕性能と実例」で示したように，印欧語話者の英文から印欧語の言語系統樹に酷似した樹形図が復元できる。また，文献 106) では，アジア圏の英文（ICNALE）からは，アジア圏の言語の言語系統樹に対応した樹形図が復元できることも示されている†。関連した興味深い現象として，文献 106) では，(a) 習熟度に依存せず類縁関係の保持が見られる（習熟度が低いグループでも高いグループでも同様な樹形図が復元された），(b) 母語話者，公用語話者（香港，シンガポール，フィリピン，パキスタン），非母語話者の英語を対象にして樹形図を生成すると，母語話者，公用語話者，非母語話者のグループの関係性を保持しながら，類縁関係を示す樹形図が得られる（例えば，香港英語は，中国英語や台湾英語とではなく他の公用語話者英語とクラスタを形

---

† 印欧語に比べ，アジア圏の言語については類縁関係が明らかになっていない部分が多く，復元された言語系統樹に関する議論は難しいが，文献 106) では，言語学の知見と一致する部分が多い結果となっている。

成する)。

さらに，文献125)では，クラスタリング結果を利用して類縁関係の保持に関わる要因の特定も試みている。詳細は同文献に譲るが，基本的なアイデアは，削除してしまうとクラスタリング結果が変わるようなtri–gramを特徴的なものとして抽出し，そのtri–gramを基に要因の特定を行っている。その結果，名詞句の長さ，冠詞の分布，副詞の位置が特定された。例えば，**図7.3**に示されるように，母語に応じて名詞句の長さ（名詞の連続数）が異なることがわかる。すなわち，名詞の連続（例：education system）を許す言語の母語話者（ドイツ語，オランダ語）の英文では名詞句の長さが長くなる傾向にあることがわかる。逆に，別の構造（例：system of education）[†]をとる言語（例：フランス語，イタリア語）では短くなる傾向にある。

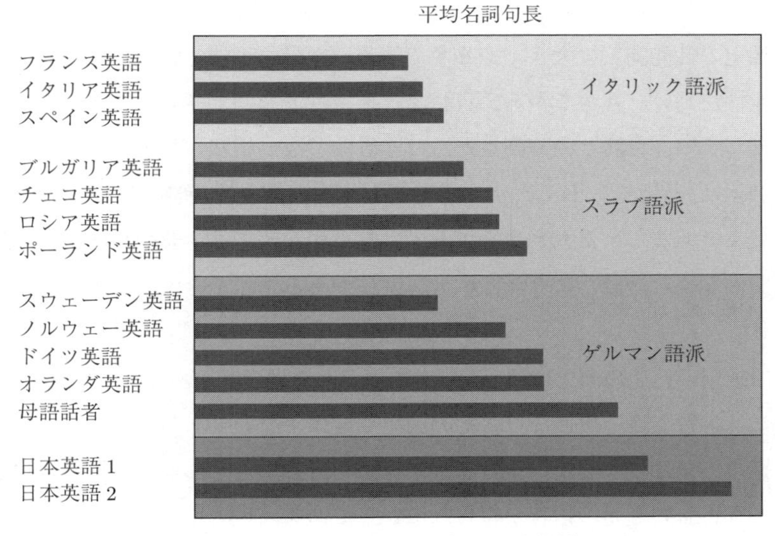

図7.3 母語による名詞句の長さ（名詞の連続数）の違い

興味深いことに，これら3種類の要因は文法誤りというよりは，文法の任意性に関わるものである。このように母語干渉に関する要因を特定することは，

† 例えば，フランス語は“名詞 of 名詞”のような構造をとり，基本的に名詞の連続を許さない。

関連する分野に有益な情報を与える。例えば，英語では名詞の連続も「名詞 of 名詞」も許される構造であるため，どちらを使用しても誤りとして指摘されることはない。言い換えれば，通常の添削や誤り訂正システムで指摘されることはまれである。一方，上述のような知見があれば，名詞句の長さが極端に長い（または短い）傾向がある学習者に対して，その点を指摘することが可能となる。

母語干渉に関する言語処理のタスクの一つに**母語推定**（native language identification, **NLI**）がある。与えられた文書の書き手の母語を推定するタスクである。2013年には，The 8th Workshop on Innovative Use of NLP for Building Educational Applications[†1]において母語推定の shared task[†2]が開催されている。11種類の言語（目的言語は英語）を対象にして，80%前後の推定正解率が達成されている[†3]。

母語推定技術の発展は，母語干渉に関わる要因の特定につながるであろう。母語推定の性能向上に大きく寄与する情報は，母語干渉を特徴づける要因である可能性が高い。残念ながら，現状では推定性能を向上させることが主目的になってしまい，母語という観点からは本質的でない情報が利用される傾向にある。例えば，確かに “Italy” という単語はイタリア語を母語とする学習者の書いた英文であるとする大きな手掛りではあるが，イタリア語の母語干渉とは直接は関係ない。今後，より母語干渉に関係がある情報を探索する必要があるであろう。

母語推定の性能の向上には，工学的な観点からは意味があるように見えるが，実際には学習支援の場面では，その利用頻度は少ないであろう。なぜなら，学習支援の際には，ユーザ（学習者）が母語を自ら申告すれば，わざわざ推定しなくとも正しい母語の情報が得られるからである。現時点で，母語推定が工学的な応用として役立ちそうなものとして，母語別学習者コーパスの自動構築がある。Web クローリングなどにより得た文章を母語ごとに分類し，母語別の学

---

†1　http://www.cs.rochester.edu/~tetreaul/naacl-bea8.html
†2　https://sites.google.com/site/nlisharedtask2013/home
†3　詳細な結果は，https://sites.google.com/site/nlisharedtask2013/results を参照のこと。

習者コーパスとするわけである。ただし，その場合には，母語の種類数があらかじめわからないというオープンな分類問題となり，新たな問題が生じる。

7.4 この章のまとめ

本章では，学習者の能力/特徴の分析と題して，言語能力の自動評価，特徴表現抽出，母語干渉の分析について述べた。言語能力の自動評価は，すでに実用化が進んでいる技術である。一方，特徴表現抽出と母語干渉の分析は，どちらかというと教師支援や研究支援の側面が強い。

言語能力の自動評価では，具体例としてエッセイの自動採点を紹介した。技術的には，分類問題または回帰問題として解くことができることを説明した。用いる素性としては，エッセイの長さ，文法誤りの数，綴り誤りの数などエッセイの質に関連した情報が用いられることを述べた。最近では，添削上重要である箇所をハイライトするというような採点支援技術も開発されており，今後，さらに実用化が進むと予想される。近い将来，資格試験や入学試験で実際に使用されていくと予想される。資格試験や入学試験では，本章で紹介したエッセイの自動採点のように，比較的長い文章（数百語程度）を対象にした問題もあるが，加えて，より短い短答形式（数文程度）の問題もある。短答形式のライティング問題の自動採点については，相対的に研究が少なく，今後の研究の一つの方向性になるであろう。

特徴表現抽出と母語干渉の分析では，学習者コーパスから得られる統計量に基づいて，学習者の文章を分析する方法論を述べた。最近では，さまざまな学習者コーパスが利用可能になりつつあり，学習者の特徴を明らかにするための重要な知識源の一つとなっている。一方で，データ量が増えると，本章で述べたような効率的に分析を行うための方法論が必要となる。ただし，本文で述べたように統計量に基づいた手法から得られる情報は，あくまでも学習者の特徴の一面を捉えたものにすぎず，最終的な結論を導き出すためには，さらなる分析や評価が必要になることが少なくないことをここで再度強調しておきたい。

今後，さらに多種多様な学習者コーパスが利用可能になり，特徴表現抽出や母語干渉の分析により新たな知見が得られると期待される。

章 末 問 題

【1】 人間二人の採点者のうち一人を，人間との一致率 α のエッセイ自動採点システムで置き換えた場合，人間の採点する量の削減率を α の関数としてグラフに表せ。また，$\alpha = 0.97$ として 7.1 節の本文の結果が得られることを確かめよ。

【2】 訓練データ {スコア 1：100 語，スコア 2：200 語，スコア 3：300 語，スコア 4：400 語，スコア 5：500 語，スコア 6：600 語} が与えられたとき，式 (7.6) を用いると重み $w = 0.01$ が得られることを確認せよ。

【3】 いま，サイズがそれぞれ，10 000 語と 5 000 語である母語話者コーパスと学習者コーパスがあるとする。また，“informations” という単語の頻度が母語話者コーパスでは 100 回，学習者コーパスでは 500 回であったとする。このとき，“informations” に対する補完類似度を求めよ。

【4】 書き手の母語を推定する上で役に立つと考えられる情報を考え，なぜ役に立つか説明せよ。ただし，対象言語は英語とする。

【5】 いま，書き手の母語が異なる二つの英語学習者コーパスから推定された言語モデルが**表 7.4** のように与えられているとする。また言語データ $D_1 =$“BOS the NN NN EOS” が与えられているとする。このとき，M_2 から M_1 への距離 $d(M_2 \rightarrow M_1)$ を求めよ。

表 7.4　母語が異なる 2 種類の学習者コーパスから推定された言語モデル M_1 と M_2

	M_1	M_2
log Pr(the|BOS)	−0.7	−2.3
log Pr(NN|the)	−1.1	−1.0
log Pr(NN|NN)	−0.3	−0.3
log Pr(EOS|NN)	−0.2	−0.3
⋮	⋮	⋮

付　　　　録

A.1　コーパス処理のための便利なコマンド類

本書で紹介する手法や技術を実装するためには多くの場合，プログラミングが必要となる。一方で，コーパスの大まかな傾向を把握する際には，Linux，Unix，Mac OS で標準的に用意されているコマンドを活用することができる。Windows でも Cygwin というソフトウェアで同様なコマンドを利用できる。

本付録では，コーパス処理のための便利なコマンド類を紹介する。なお，各コマンドの詳細は各種マニュアルを参照されたい。

英語など空白で分かち書きされた言語のコーパスでは，tr コマンドを利用して簡易的に単語分割を行うことができる。具体的には

tr -sc ”A-Za-z” ”\012” < コーパスファイル名

で，コーパスファイル内の単語が，一単語一行の形式で出力される。より厳密には，アルファベット以外の文字（の連続）が改行コードに変換されて出力される。

同じ tr コマンドで，大文字/小文字の変換も行える：

tr ”A-Z” ”a-z” < コーパスファイル名

この例は，大文字を小文字に変換する。”A-Z” と ”a-z” を入れ替えると小文字を大文字に変換する。

二つ以上のコマンドを組み合わせることも可能である。記号 “|”（パイプと呼ばれる）を用いて二つのコマンドを連ねる。例えば

tr -sc ”A-Za-z” ”\012” < コーパスファイル名 | tr ”A-Z” ”a-z”

では，最初のコマンドで単語分割が行われ，その結果に対して，小文字への変換が行われる。

この結果を計数することでコーパス中の単語の総数を求めることができる。その際

には，wc コマンドが使用できる[†]：

```
tr -sc "A-Za-z" "\012" < コーパスファイル名 | tr "A-Z" "a-z" | wc -l
```

コマンド sort を使うことで，出力結果をソートすることもできる。例えば

```
tr -sc "A-Za-z" "\012" < コーパスファイル名 | tr "A-Z" "a-z" | sort
```

は，コーパスデータ中の単語を辞書順に出力する。

重複する行を一つにまとめてくれる uniq コマンドも便利である。例えば

```
book
apple
apple
apple
book
book
```

というデータに対して，uniq を実行すると

```
book
apple
book
```

という結果が得られる。ただし，上下に隣り合った行が重複している場合にのみ，まとめる処理が実行されることに注意が必要である。したがって，sort コマンドを利用して，同じ単語が隣り合うことを保証することで，重複のない単語リストを得ることができる：

```
tr -sc "A-Za-z" "\012" < コーパスファイル名 | tr "A-Z" "a-z" | sort | uniq
```

また，その単語リストの行数を wc コマンドで計数することでコーパスファイル中の異なり単語数を求めることができる。2.2.3 項の図 2.1 と図 2.2 では，この方法を用いて，総語数と異なり語数を求めた。

さらに，uniq コマンドでは，重複する行の数も出力してくれる便利なオプションもある：

```
tr -sc "A-Za-z" "\012" < コーパスファイル名 | tr "A-Z" "a-z" | sort | uniq -c
```

[†] wc コマンドは単語分割を行わずともテキストファイル中の単語数を数えてくれる。ここでは，以降の異なり語数を求める必要から，単語分割した結果を計数するようにしている。

この一連のコマンドにより，入力コーパスにおける単語の頻度表を得ることができる。なお，通常，コーパスには大量の単語が含まれるため，つぎのようにして，結果をファイルに出力することが多い：

```
tr -sc "A-Za-z" "\012" < コーパスファイル名 | tr "A-Z" "a-z"
| sort | uniq -c > 出力ファイル名
```

grep コマンドを用いると，任意のパターンにマッチする行のみを出力することができる。例えば

```
tr -sc "A-Za-z" "\012" < コーパスファイル名 | tr "A-Z" "a-z"
| sort | uniq | grep "apple"
```

とすると文字列 apple を含む単語が出力される（apples なども出力されることに注意)。正規表現によるパターンの指定も可能である。例えば

```
tr -sc "A-Za-z" "\012" < コーパスファイル名 | sort | uniq | grep "^[A-Z]"
```

であれば，大文字のアルファベットから始まる単語のみ出力される。

A.2　語学学習に関する文献リスト

付録として，語学学習支援のための言語処理に関連が深い文献（図書）を挙げておく。ただし，ここでは言語処理の技術に関わるもの以外を対象とした。

(1)　コーパス一般に関する文献[58),95),149)]

(2)　学習者コーパスに関する文献[46),177)]

(3)　語学学習，語学教育，母語干渉に関する文献[14),157),166)]

(4)　第二言語習得に関する文献[40),48),165)]

(5)　言語能力評価に関する文献[52)]

引用・参考文献

1) 相澤一美, 石川慎一郎, 村田年, 磯達夫, 上村俊彦, 小川貴宏, 清水伸一, 杉森直樹, 羽井左昭彦, 望月正道：JACET8000 英単語「大学英語教育学会基本語リスト」に基づく, 桐原書店 (2005).

2) Al-Rfou', R. and Skiena, S.: SpeedRead: A Fast Named Entity Recognition Pipeline, in *Proc. of the 24th International Conference on Computational Linguistics*, pp. 51～66 (2012).

3) Alikaniotis, D., Yannakoudakis, H. and Rei, M.: Automatic Text Scoring Using Neural Networks, in *Proc. of the 54th Annual Meeting of the Association for Computational Linguistics*, pp. 715～725 (2016).

4) Allen, J.: *Natural Language Understanding 2nd ed.*, The Benjamin-Cummings Publishing Company, Redwood City (1994).

5) 安藤貞雄：現代英文法講義, 開拓社 (2005).

6) 青木さやか, 冨浦洋一, 行野顕正, 谷川龍司：言語識別技術を応用した英語における母語話者文書・非母語話者文書の判別, 情報科学技術レターズ 5, pp. 85～88 (2006).

7) Artstein, R. and Poesio, M.: Inter-coder Agreement for Computational Linguistics, *Computational linguistics*, **34**, 4, pp. 555～596 (2008).

8) Berzak, Y., Kenney, J., Spadine, C., Wang, J. X., Lam, L., Mori, K. S., Garza, S. and Katz, B.: Universal Dependencies for Learner English, in *Proc. of 54th Annual Meeting of the Association for Computational Linguistics*, pp. 737～746 (2016).

9) Bies, A., Ferguson, M., Katz, K. and MacIntyre, R.: Bracketing Guidelines for Treebank II-Style Penn Treebank Project (1995).

10) Biran, O., Brody, S. and Elhadad, N.: Putting it Simply: a Context-Aware Approach to Lexical Simplification, in *Proc. of the 49th Annual Meeting of the Association for Computational Linguistics: Human Language Technologies*, pp. 496～501 (2011).

11) Bird, S., Klein, E. and Loper, E.: *Natural Language Processing with*

Python, O'Reilly (2009).

12) Bitchener, J.: Evidence in Support of Written Corrective Feedback, *Journal of Second Language Writing*, **17**, 2, pp. 102～118 (2008).

13) Brockett, C., Dolan, W. B. and Gamon, M.: Correcting ESL Errors Using Phrasal SMT Techniques, in *Proc. of 21th International Conference on Computational Linguistics and 44th Annual Meeting of the Association for Computational Linguistics*, pp. 249～256 (2006).

14) Brown, H. D.: *Principles of Language Learning and Teaching*, Pearson Longman (2007).

15) Brown, P. F., Cocke, J., Pietra, S. A. D., Pietra, V. J. D., Jelinek, F., Lafferty, J. D., Mercer, R. L. and Roossin, P. S.: A Statistical Approach to Machine Translation, *Computational linguistics*, **16**, 2, pp. 79～85 (1990).

16) Burstein, J., Chodorow, M. and Leacock, C.: Automated Essay Evaluation: The Criterion Online Writing Service, *AI Magagine*, **25**, 3, pp. 27～36 (2004).

17) Cahill, A.: Parsing Learner Text: to Shoehorn or not to Shoehorn, in *Proc. of 9th Linguistic Annotation Workshop*, pp. 144～147 (2015).

18) Cahill, A., Gyawali, B. and Bruno, J. V.: Self-Training for Parsing Learner Text, in *Proc. of 1st Joint Workshop on Statistical Parsing of Morphologically Rich Languages and Syntactic Analysis of Non-Canonical Languages*, pp. 66～73 (2014).

19) Chodorow, M. and Leacock, C.: An Unsupervised Method for Detecting Grammatical Errors, in *Proc. of 1st Meeting of the North America Chapter of the Association of Computational Linguistics*, pp. 140～147 (2000).

20) Chodorow, M., Tetreault, J. R. and Han, N.-R.: Detection of Grammatical Errors Involving Prepositions, in *Proc. of 4th ACL-SIGSEM Workshop on Prepositions*, pp. 25～30 (2007).

21) Church, K. W. and Hanks, P.: Word Association Norms, Mutual Information, and Lexicography, *Computational linguistics*, **16**, 1, pp. 22～29 (1990).

22) Coster, W. and Kauchak, D.: Simple English Wikipedia: A New Text Simplification Task, in *Proc. of the 49th Annual Meeting of the Association for Computational Linguistics: Human Language Technologies*, pp. 665～669 (2011).

23) Dahlmeier, D. and Ng, H. T.: Correcting Semantic Collocation Errors with L1-induced Paraphrases, in *Proc. of the 2011 Conference on Empirical Methods in Natural Language Processing*, pp. 107～117 (2011).

24) Dahlmeier, D. and Ng, H. T.: Better Evaluation for Grammatical Error Correction, in *Proc. of the 2012 Conference of the North American Chapter of the Association for Computational Linguistics: Human Language Technologies*, pp. 568～572 (2012).

25) Dale, R. and Kilgarriff, A.: Helping Our Own: Text Massaging for Computational Linguistics as a New Shared Task, in *Proc. of Generation Challenges Session at the 13th European Workshop on Natural Language Generation*, pp. 242～249 (2010).

26) Díaz-Negrillo, A., Meurers, D., Valera, S. and Wunsch, H.: Towards Interlanguage POS Annotation for Effective Learner Corpora in SLA and FLT, *Language Forum*, **36**, 1–2, pp. 139～154 (2009).

27) Dickinson, M. and Ragheb, M.: Dependency Annotation for Learner Corpora, in *Proc. of the 8th Workshop on Treebanks and Linguistic Theories*, pp. 59～70 (2009).

28) 土居誉生, 隅田英一郎：スラッシュ・リーディングのためのテキスト分割, 情報処理学会研究報告コンピュータと教育研究会報告, 第 2004 巻, pp. 25～32 (2004).

29) 江原遥, 石川博：語彙知識予測問題の概説～ロジスティック回帰と項目反応理論の対応関係を中心に～, 言語処理学会第 22 回年次大会発表論文集, pp. 673～676 (2016).

30) Ehara, Y., Miyao, Y., Oiwa, H., Sato, I. and Nakagawa, H.: Formalizing Word Sampling for Vocabulary Prediction as Graph-based Active Learning, in *Proc. of the 2014 Conference on Empirical Methods in Natural Language Processing*, pp. 1374～1384 (2014).

31) Ehara, Y., Sato, I., Oiwa, H. and Nakagawa, H.: Mining Words in the Minds of Second Language Learners: Learner-Specific Word Difficulty, in *Proc. of the 24th International Conference on Computational Linguistics*, pp. 799～814 (2012).

32) Ehara, Y., Shimizu, N., Ninomiya, T. and Nakagawa, H.: Personalized reading support for Second-Language Web Documents by Collective Intelligence, in *Proc. of the 15th international conference on Intelligent user interfaces*, pp. 51～60 (2010).

33) 『英語教育』編集部：英語教育, 第 64 巻, 大修館書店 (2015).
34) Felice, R. D. and Pulman, S. G.: A Classifier-Based Approach to Preposition and Determiner Error Correction in L2 English, in *Proc. of 22nd International Conference on Computational Linguistics*, pp. 169～176 (2008).
35) Fellbaum, C. ed.: *WordNet: An Electronic Lexical Database*, MIT Press (1998).
36) Ferris, D. and Roberts, B.: Error Feedback in L2 Writing Classes: How Explicit Does It Need to Be?, *Journal of Second Language Writing*, **10**, 3, pp. 161～184 (2001).
37) Flor, M.: Four types of Context for Automatic Spelling Correction, *TAL*, **53**, 3, pp. 61～99 (2014).
38) Flor, M. and Futagi, Y.: On using context for automatic correction of non-word misspellings in student essays, in *Procóf the 7th Workshop on Building Educational Applications Using NLP*, pp. 105～115 (2012).
39) Foster, J.: Parsing Ungrammatical Input: An Evaluation Procedure, in *Proc. of the 4th International Conference on Language Resources and Evaluation*, pp. 2039～2042 (2004).
40) スーザン・H. フォスター＝コーエン：子供は言語をどう獲得するのか, 岩波書店 (2001).
41) 福岡健太, 松本裕治：Support Vector Machines を用いた日本語書き言葉の文境界推定, 言語処理学会第 11 回年次大会発表論文集, pp. 1221～1224 (2005).
42) 言語資源協会：GSK2012-C GSK 地名施設名辞書第 2 版, http://www.gsk.or.jp/catalog/gsk2012-c/ (2013).
43) Glavaš, G. and Štajner, S.: Simplifying Lexical Simplification: Do We Need Simplified Corpora?, in *Proc. of the 53rd Annual Meeting of the Association for Computational Linguistics and the 7th International Joint Conference on Natural Language Processing (Volume 2: Short Papers)*, pp. 63～68 (2015).
44) Graham, C.: *Creating Chants and Songs*, Oxford University Press (2006).
45) Granger, S.: The International Corpus of Learner English, in *English Language Corpora: Design, Analysis and Exploitation*, pp. 57～69, Rodopi (1993).
46) Granger, S.: *Learner English on Computer*, Pearson Education (1998).
47) Granger, S., Dagneaux, E., Meunier, F. and Paquot, M.: *International*

Corpus of Learner English v2, Presses universitaires de Louvain (2009).

48) 畑佐一味, 畑佐由紀子, 百濟正和, 清水崇文：第二言語習得研究と言語教育, くろしお出版 (2012).

49) Heidorn, G. E., Jensen, K., Miller, L. A., Byrd, R. J. and Chodorow, M. S.: The EPISTLE Text-Critiquing System, *IBM Systems Journal*, **21**, 3, pp. 305～326 (1982).

50) Hermet, M. and Désilets, A.: Using First and Second Language Models to Correct Preposition Errors in Second Language Authoring, in *Proc. of the NAACL HLT Workshop on Innovative Use of NLP for Building Educational Applications*, pp. 64～72 (2009).

51) Hirota, S.: *Mastery (in Japanese)*, Kirihara Shoten (1992).

52) 李在鎬 (編)：日本語教育のための言語テストガイドブック, くろしお出版 (2015).

53) Horn, C., Manduca, C. and Kauchak, D.: Learning a Lexical Simplifier Using Wikipedia, in *Proc. of the 52nd Annual Meeting of the Association for Computational Linguistics (Volume 2: Short Papers)*, pp. 458～463 (2014).

54) 飯塚茂, 萩野敏：プレステージ総合英語, 文英堂 (1997).

55) 池原悟, 宮崎正弘, 白井諭, 中岩浩巳, 小倉健太郎, 大山芳史, 林良彦 (編)：日本語語彙大系, 岩波書店 (1997).

56) 猪原敬介：読書と言語能力: 言葉の「用法」がもたらす学習効果, 京都大学学術出版会 (2016).

57) 石井雄隆, 石井卓巳, 川口勇作, 阿部大輔, 西村嘉人, 草薙邦広：Writing MaetriX を用いた言語資源の構築と英語学習者のライティング・プロセスの解明, 外国語教育メディア学会第 55 回全国研究大会予稿集, pp. 190～193 (2015).

58) 石川慎一郎：ベーシックコーパス言語学, ひつじ書房 (2012).

59) 石岡恒憲：記述式テストにおける自動採点システムの最新動向, 行動計量学, **31**, 2, pp. 67～87 (2004).

60) Ishioka, T. and Kameda, M.: Automated Japanese Essay Scoring System Based on Articles Written by Experts, in *Procőf the 21st International Conference on Computational Linguistics and 44th Annual Meeting of the Association for Computational Linguistics*, pp. 233～240 (2006).

61) Israel, R., Tetreault, J. and Chodorow, M.: Correcting Comma Errors in Learner Essays, and Restoring Commas in Newswire Text, in *Proc. of the 2012 Conference of the North American Chapter of the Association for Computational Linguistics: Human Language Technologies*, pp. 284～294

(2012).

62) 岩立将和, 浅原正幸, 松本裕治：トーナメントモデルを用いた日本語係り受け解析, 自然言語処理, **15**, 5, pp. 169〜185 (2008).

63) Izumi, E., Saiga, T., Supnithi, T., Uchimoto, K. and Isahara, H.: The NICT JLE Corpus: Exploiting the Language Learners' Speech Database for Research and Education, *International Journal of The Computer, the Internet and Management*, **12**, 2, pp. 119〜125 (2004).

64) 和泉絵美, 内元清貴, 井佐原均：日本人 1200 人の英語スピーキングコーパス, アルク (2004).

65) Izumi, E., Uchimoto, K., Saiga, T., Supnithi, T. and Isahara, H.: Automatic error detection in the Japanese learners' English spoken data, in *Proc. of 41th Annual Meeting of the Association for Computational Linguistics*, pp. 145〜148 (2003).

66) Japan electronic dictionary research institute ltd.: *EDR Electronic Dictionary Specifications Guide*, Japan Electronic Dictionary Research Institute ltd. (1993).

67) Juang, B.-H. and Rabiner, L. R.: A Probabilistic Distance Measure for Hidden Markov Models, *AT&T Technical Journal*, **64**, 2, pp. 391〜408 (1985).

68) 鄭在玲, 三宅真紀, 畑中伸幸, 赤間啓之：反復クラスタリングによる意味ネットワークに基づく作文支援システムの開発, 情報処理学会コンピュータと教育研究報告, 第 2005 巻, pp. 99〜105 (2005).

69) Jung, J., Miyake, M., Makoshi, N. and Akama, H.: Development of a Web-based Composition Support System — Using Graph Clustering Methodologies Applied to an Associative Concepts Dictionary, in *Proc. of the 6th International Conference on Advnaced Learning Technorogies*, pp. 431〜435 (2006).

70) Kajiwara, T. and Komachi, M.: Building a Monolingual Parallel Corpus for Text Simplification Using Sentence Similarity Based on Alignment between Word Embeddings, in *Proc. of the 26th International Conference on Computational Linguistics: Technical Papers*, pp. 1147〜1158 (2016).

71) 掛川淳一, 永田亮, 森田千寿, 須田幸次, 森広浩一郎：自由記述メッセージからの学習者の特徴表現抽出, 電子情報通信学会論文誌, **J91-D**, 12, pp. 2939〜2949 (2008).

72) Kawahara, D. and Kurohashi, S.: Case Frame Compilation from the Web Using High-Performance Computing, in *Proc. of the 5th International Conference on Language Resources and Evaluation*, pp. 1344～1347 (2006).

73) 河合敦夫, 杉原厚吉, 杉江昇：英文の誤りを検出するシステム ASPEC-I, 情報処理学会論文誌, **25**, 6, pp. 1072～1079 (1984).

74) 川村よし子：日本語教師の集合知を活用したやさしい日本語書き換えシステムの構築, ヨーロッパ日本語教育, pp. 131～136 (2017).

75) Keith, T. Z.: *Validity of Automated Essay Scoring Systems*, pp. 147～167, Routledge (2003).

76) Kepser, S., Steiner, I. and Sternefeld, W.: Annotating and Querying a Treebank of Suboptimal Structures, in *Proc. of the 3rd Workshop on Treebanks and Linguistic Theories*, pp. 63～74 (2004).

77) Kincaid, J. P., Fishburne Jr. R. P., Rogers, L. R. and Chissom, B. S.: *Derivation of New Readability Formulas (Automated Readability Index, Fog Count and Flesch Reading Ease Formula) for Navy enlisted personnel*, NTIS (1975).

78) Kiss, T. and Strunk, J.: Unsupervised Multilingual Sentence Boundary Detection, *Computational Linguistics*, **32**, 4, pp. 485～525 (2006).

79) Kita, K.: Automatic Clustering of Languages Based on Probabilistic Models, *Journal of Quantitative Linguistics*, **6**, 2, pp. 167～171 (1999).

80) 北研二：確率的言語モデル, 東京大学出版会 (1999).

81) 北研二, 津田和彦, 獅々堀正幹：情報検索アルゴリズム, 共立出版, 東京 (2002).

82) Kneser, R. and Ney, H.: Improved backing-off for M-gram language modeling, in *Proc. of International Conference on Acoustics, Speech, and Signal Processing*, **1**, pp. 181～184 (1995).

83) 小西友七（編）：ジーニアス英和辞典, 大修館書店, 第 2 版 (1994).

84) 草薙邦広, 阿部大輔, 福田純也, 川口勇：学習者のライティングプロセスを記録・可視化・分析する多機能型ソフトウェアの開発：Writing MaetriX, 外国語教育メディア学会中部支部研究紀要, pp. 23～34 (2015).

85) Ladefoged, P. and Johnson, K.: *A Course in Phonetics*, Cengage Learning, 6th edition (2011).

86) Lafferty, J. D., McCallum, A. and Pereira, F. C. N.: Conditional Random Fields: Probabilistic Models for Segmenting and Labeling Sequence Data, in *Proc. of the 18th International Conference on Machine Learning*, pp. 282

～289 (2001).

87) Landauer, T. K., Laham, D. and Foltz, P.: *Automated Scoring and Annotation of Essays with the Intelligent Essay Assessor*, pp. 87～112, Routledge (2003).

88) Lapata, M. and Keller, F.: The web as a baseline: Evaluating the Performance of Unsupervised Web-Based Models for a Range of NLP Tasks, in *Proc. of the Human Language Technology Conference of the North American Chapter of the Association for Computational Linguistics*, pp. 121～128 (2004).

89) Laufer, B.: *How Much Lexis is Necessary for Reading Comprehension?*, pp. 316～326, Multilingual Matters (1989).

90) Leacock, C., Chodorow, M., Gamon, M. and Tetreault, J.: *Automated Grammatical Error Detection for Language Learners*, Morgan & Claypool Publishers (2010).

91) Lee, L.-H., Yu, L.-C. and Chang, L.-P.: Overview of the NLP-TEA 2015 Shared Task for Chinese Grammatical Error Diagnosis, in *Proc. of the 2nd Workshop on Natural Language Processing Techniques for Educational Applications*, pp. 1～6 (2015).

92) Leech, G., Rayson, P. and Wilson, A.: *Word Frequencies in Written and Spoken English: Based on the British National Corpus*, Longman (2001).

93) Liu, Y., Stolcke, A., Shriberg, E. and Harper, M.: Comparing and Combining Generative and Posterior Probability Models: Some Advances in Sentence Boundary Detection in Speech, in *Proc. of 2004 Conference on Empirical Methods in Natural Language Processing*, pp. 64～71 (2004).

94) Madnani, N., Chodorow, M., Cahill, A., Lopez, M., Futagi, Y. and Attali, Y.: Preliminary Experiments on Crowdsourced Evaluation of Feedback Granularity, in *Proc. of the 10th Workshop on Innovative Use of NLP for Building Educational Applications*, pp. 162～171 (2015).

95) 前川喜久雄（監修）：講座日本語コーパスシリーズ, 朝倉書店 (2013).

96) Manning, C. D. and Schütze, H.: *Foundations of Statistical Natural Language Processing*, MIT Press (1999).

97) 茂松本：らっくらく英文解釈：松本茂のカンガルーメソッド, 七寶出版 (2001).

98) 松吉俊, 近藤陽介, 橋口千尋, 佐藤理史：全教科を収録対象とした日本語教科書コーパスの構築, 言語処理学会第14回年次大会発表論文集, pp. 520～523 (2008).

99) Mizumoto, T., Hayashibe, Y., Komachi, M., Nagata, M. and Matsumoto, Y.: The Effect of Learner Corpus Size in Grammatical Error Correction of ESL Writings, in *Proc. of the International Conference on Computational Linguistics 2012: Posters*, pp. 863～872 (2012).

100) 水本智也, 永田亮：スペル誤りに着目した学習者の英語に対する品詞タグ付け・チャンキングの性能調査, 言語処理学会第 23 回年次大会発表論文集, pp. 557～560 (2017).

101) Monaghan, W. and Bridgeman, B.: E-rater as a Quality Control on Human Scores (2005).

102) 森信介, 中田陽介, Graham, N., 河原達也：点予測による形態素解析, 自然言語処理, **18**, 4, pp. 367～381 (2011).

103) 森信介, ニュービッググラム, 坪井祐太：点予測による自動単語分割, 情報処理学会論文誌, **52**, 10, pp. 2944～2952 (2011).

104) 長尾真（編）：自然言語処理, 岩波書店 (1996).

105) 永田亮：構文解析を必要としない主語動詞一致誤り検出手法, 電子情報通信学会論文誌, **J96-D**, 5, pp. 1346～1355 (2013).

106) Nagata, R.: Language Family Relationship Preserved in Non-Native English, in *Proc. of the 25th International Conference on Computational Linguistics: Technical Papers*, pp. 1940～1949 (2014).

107) Nagata, R., Funakoshi, K. and Nakano, T. K. M.: A Method for Predicting Stressed Words in Teaching Materials for English Jazz Chants, *IEICE Transactions on Information and Systems*, **E95-D**, 11, pp. 2658～2663 (2012).

108) 永田亮, Neubig, G.：綴り誤り研究のための日本人英語学習者コーパスの構築, 言語処理学会第 23 回年次大会発表論文集, pp. 1030～1033 (2017).

109) 永田亮, 掛川淳一, 淀雅昭, 深田剛継, 宮井俊也, 河合敦夫：未知文書からの母語話者／非母語話者に特徴的な表現の抽出, 情報科学技術フォーラム, pp. 357～360 (2007).

110) Nagata, R., Kakegawa, J. and Kutsuwa, T.: Detecting missing sentence boundaries in learner English, in *Proc. of 10th International Conference on Statistical Analysis of Textual Data*, pp. 1269～1276 (2010).

111) Nagata, R. and Kawai, A.: Exploiting Learners' Tendencies for Detecting English Determiner Errors, in *Lecture Notes in Computer Science*, **6882**, pp. 144～153 (2011).

112) Nagata, R. and Kawai, A.: A Method for Detecting Determiner Errors Designed for the Writing of Non-Native Speakers of English, *IEICE Transactions on Information and Systems*, **E95-D**, 1, pp. 230～238 (2012).
113) Nagata, R., Kawai, A., Morihiro, K. and Isu, N.: A Feedback-Augmented Method for Detecting Errors in the Writing of Learners of English, in *Proc. of the 44th Annual Meeting of the Association for Computational Linguistics*, pp. 241～248 (2006).
114) Nagata, R., Kawai, A., Morihiro, K. and Isu, N.: Reinforcing English Countability Prediction with One Countability per Discourse Property, in *Proc. of the COLING/ACL 2006 Main Conference Poster Sessions*, pp. 595～602 (2006).
115) Nagata, R. and Nakatani, K.: Evaluating Performance of Grammatical Error Detection to Maximize Learning Effect, in *Proc. of 23rd International Conference on Computational Linguistics, poster volume*, pp. 894～900 (2010).
116) 永田亮, 坂口慶祐：英語学習者コーパスのための句構造アノテーション, 言語処理学会第 20 回年次大会発表論文集, pp. 1035～1038 (2015).
117) Nagata, R. and Sakaguchi, K.: Phrase Structure Annotation and Parsing for Learner English, in *Procof 54th Annual Meeting of the Association for Computational Linguistics*, pp. 1837～1847 (2016).
118) Nagata, R. and Sheinman, V.: A Method for Detecting Tense Errors in learner English, in *Proc. of Advances in Knowledge-Based and Intelligent Information and Engineering Systems*, pp. 664～673 (2012).
119) 永田亮, 須田幸次, 掛川淳一, 森広浩一郎, 正司和彦：小学生を対象としたメッセージ推敲のための適応型キーワード提示システム, 電子情報通信学会論文誌, **J91-D**, 2, pp. 200～209 (2008).
120) 永田亮, 高村大也, Neubig, G.：学習者英語のための綴り誤り訂正手法と綴り誤り分析への応用, 言語処理学会第 23 回年次大会発表論文集, pp. 943～946 (2017).
121) 永田亮, 樽谷久翔：品詞解析/統語解析を必要としない英語スラッシュ・リーディング教材自動生成手法, 電子情報通信学会論文誌, **J95-D**, 2, pp. 264～274 (2012).
122) Nagata, R., Vilenius, M. and Whittaker, E.: Correcting Preposition Errors in Learner English Using Error Case Frames and Feedback Messages, in *Proc. of the 52nd Annual Meeting of the Association for Computational Linguistics (Volume 1: Long Papers)*, pp. 754～764 (2014).

123) 永田亮, 若菜崇宏, 森広浩一郎, 桝井文人, 井須尚紀：可算／不可算の判定に基づいた英文の誤り検出, 電子情報通信学会論文誌, **J89-D**, 8, pp. 1777〜1790 (2006).

124) Nagata, R., Wakana, T., Masui, F., Kawai, A. and Isu, N.: Detecting Article Errors Based on the Mass Count Distinction, in *Proc. of 2nd International Joint Conference on Natural Language Processing*, pp. 815〜826 (2005).

125) Nagata, R. and Whittaker, E.: Reconstructing an Indo-European Family Tree from Non-Native English Texts, in *Proc. of the 51st Annual Meeting of the Association for Computational Linguistics (Volume 1: Long Papers)*, pp. 1137〜1147 (2013).

126) Nagata, R., Whittaker, E. and Sheinman, V.: Creating a Manually Error-Tagged and Shallow-Parsed Learner Corpus, in *Proc. of 49th Annual Meeting of the Association for Computational Linguistics: Human Language Technologies*, pp. 1210〜1219 (2011).

127) 那須川哲哉：テキストマイニングを使う技術／作る技術 — 基礎技術と適用事例から導く本質と活用法—, 東京電機大学出版局 (2006).

128) Ng, H. T., Wu, S. M., Briscoe, T., Hadiwinoto, C., Susanto, R. H. and Bryant, C.: The CoNLL-2014 Shared Task on Grammatical Error Correction, in *Proc. of the 18th Conference on Computational Natural Language Learning: Shared Task*, pp. 1〜14 (2014).

129) Ng, H. T., Wu, S. M., Wu, Y., Hadiwinoto, C. and Tetreault, J.: The CoNLL-2013 Shared Task on Grammatical Error Correction, in *Proc. of the 17th Conference on Computational Natural Language Learning: Shared Task*, pp. 1〜12 (2013).

130) 西村則久, 明関賢太郎, 安村通晃：英作文における自動添削システムの構築と評価, 情報処理学会論文誌, **40**, 12, pp. 4388〜4395 (1999).

131) 西野文人：文書処理, pp. 224〜247, 電子情報通信学会 (1999).

132) 野村愛, 川村よし子, 斉木美紀, 金庭久美子：単語難易度と出題頻度に配慮した介護福祉士候補生のための語彙リスト作成, 日本語教育方法研究会誌, pp. 12〜13 (2017).

133) 奥村学：自然言語処理の基礎, コロナ社 (2010).

134) Paetzold, G. H. and Specia, L.: Unsupervised Lexical Simplification for Non-Native Speakers, in *Proc. of the 30th AAAI Conference on Artificial Intelligence*, pp. 3761〜3767 (2011).

135) Paetzold, G. and Specia, L.: LEXenstein: A Framework for Lexical Simplification, in *Proc. of ACL-IJCNLP 2015 System Demonstrations*, pp. 85～90 (2015).

136) Paetzold, G. and Specia, L.: SemEval 2016 Task 11: Complex Word Identification, in *Proc. of the 10th International Workshop on Semantic Evaluation (SemEval-2016)*, pp. 560～569 (2016).

137) Paetzold, G. and Specia, L.: SV000gg at SemEval-2016 Task 11: Heavy Gauge Complex Word Identification with System Voting, in *Proc. of the 10th International Workshop on Semantic Evaluation (SemEval-2016)*, pp. 969～974 (2016).

138) Pavlick, E. and Callison-Burch, C.: Simple PPDB: A Paraphrase Database for Simplification, in *Proc. of the 54th Annual Meeting of the Association for Computational Linguistics (Volume 2: Short Papers)*, pp. 143～148 (2016).

139) Petrov, S.: Products of Random Latent Variable Grammars, in *Human Language Technologies: The 2010 Annual Conference of the North American Chapter of the Association for Computational Linguistics*, pp. 19～27 (2010).

140) Ragheb, M. and Dickinson, M.: Defining Syntax for Learner Language Annotation, in *Proc. of the 24th International Conference on Computational Linguistics*, pp. 965～974 (2012).

141) Ragheb, M. and Dickinson, M.: Inter-annotator Agreement for Dependency Annotation of Learner Language, in *Proc. of the 8th Workshop on Innovative Use of NLP for Building Educational Applications*, pp. 169～179 (2013).

142) Robb, T., Ross, S. and Shortreed, I.: Salience of Feedback on Error and Its Effect on EFL Writing Quality, *TESOL QUARTERY*, **20**, 1, pp. 83～93 (1986).

143) Roget, P. M.: *Roget's Thesaurus*, Longman (1982).

144) Rozovskaya, A., Bouamor, H., Habash, N., Zaghouani, W., Obeid, O. and Mohit, B.: The Second QALB Shared Task on Automatic Text Correction for Arabic, in *Proc. of the Second Workshop on Arabic Natural Language Processing*, pp. 26～35 (2015).

145) Rozovskaya, A., Chang, K.-W., Sammons, M. and Roth, D.: The University of Illinois System in the CoNLL-2013 Shared Task, in *Proc. of the 17th*

Conference on Computational Natural Language Learning: Shared Task, pp. 13〜19 (2013).

146) Rozovskaya, A. and Roth, D.: Algorithm Selection and Model Adaptation for ESL Correction Tasks, in *Proc. of 49th Annual Meeting of the Association for Computational Linguistics*, pp. 924〜933 (2011).

147) Rozovskaya, A. and Roth, D.: Joint Learning and Inference for Grammatical Error Correction, in *Proc. of the 2013 Conference on Empirical Methods in Natural Language Processing*, pp. 791〜802 (2013).

148) Rozovskaya, A. and Roth, D.: Grammatical Error Correction: Machine Translation and Classifiers, in *Proc. of the 54th Annual Meeting of the Association for Computational Linguistics (Volume 1: Long Papers)*, pp. 2205〜2215 (2016).

149) 齋藤俊雄, 中村純作, 赤野一郎：英語コーパス言語学　基礎と実践, 研究社 (2005).

150) Sakaguchi, K., Arase, Y. and Komachi, M.: Discriminative Approach to Fill-in-the-Blank Quiz Generation for Language Learners, in *Proc. of the 51st Annual Meeting of the Association for Computational Linguistics (Volume 2: Short Papers)*, pp. 238〜242 (2013).

151) Sakaguchi, K., Hayashibe, Y., Kondo, S., Kanashiro, L., Mizumoto, T., Komachi, M. and Matsumoto, Y.: NAIST at the HOO 2012 Shared Task, in *Proc. of the 7th Workshop on Building Educational Applications Using NLP*, pp. 281〜288 (2012).

152) Sakaguchi, K., Mizumoto, T., Komachi, M. and Matsumoto, Y.: Joint English Spelling Error Correction and POS Tagging for Language Leaners Writing, in *Proc. of the 24th International Conference on Computational Linguistics*, pp. 2357〜2374 (2012).

153) Santorini, B.: Part-of-Speech Tagging Guidelines for the Penn Treebank Project (1990).

154) 佐藤理史：基本慣用句五種対照表の作成, 情報処理学会研究報告, 第2007巻, pp. 1〜6 (2007).

155) 佐藤理史：日本語基本語彙表 JC2, http://kotoba.nuee.nagoya-u.ac.jp/jc2/base/doc (2008).

156) Sawai, Y., Komachi, M. and Matsumoto, Y.: A Learner Corpus-based Approach to Verb Suggestion for ESL, in *Proc. of the 51st Annual Meeting of the Association for Computational Linguistics (Volume 2: Short Papers)*,

pp. 708～713 (2013).

157) 白畑知彦：英語指導における効果的な誤り訂正 — 第二言語習得研究の見地から, 大修館書店 (2015).

158) 下岡和也, 内元清貴, 河原達也, 井佐原均：日本語話し言葉の係り受け解析と文境界推定の相互作用による高精度化, 自然言語処理, **12**, 3, pp. 3～17 (2005).

159) Steinwart, I. and Christmann, A.: *Support Vector Machines*, Springer (2008).

160) 須田幸次, 森広浩一郎, 永田亮, 正司和彦, 掛川淳一：小学校における図書をテーマにしたブログを用いた情報活用能力育成に関する研究, 日本教育工学会第 22 回全国大会論文集, pp. 763～764 (2006).

161) Sumita, E., Sugaya, F. and Yamamoto, S.: Measuring Non-Native Speakers' Proficiency of English by Using a Test with Automatically-generated Fill-in-the-blank Questions, in *Proc. of the 2nd Workshop on Building Educational Applications Using NLP*, pp. 61～68 (2005).

162) Susanti, Y., , Nishikawa, H. and Hiroyuki, O.: Item Difficulty Analysis of English Vocabulary Questions, in *Proc. of the 8th International Conference on Computer Supported Education*, pp. 267～274 (2016).

163) Susanti, Y., Iida, R. and Tokunaga, T.: Automatic Generation of English Vocabulary Tests, in *Proc. of the 7th International Conference on Computer Supported Education*, pp. 77～87 (2015).

164) 鈴木潤, Duh, K., 永田昌明：拡張ラグランジュ緩和を用いた同時自然言語解析法, 言語処理学会第 18 回年次大会発表論文集, pp. 1284～1287 (2012).

165) 鈴木孝明, 白畑知彦：ことばの習得　母語獲得と第二言語習得, くろしお出版 (2012).

166) Swan, M. and Smith, B.: *Learner English: A Teacher's Guide to Interference and Other Problems (2nd Edition)*, Cambridge University Press (2001).

167) Tajiri, T., Komachi, M. and Matsumoto, Y.: Tense and Aspect Error Correction for ESL Learners Using Global Context, in *Proc. of the 50th Annual Meeting of the Association for Computational Linguistics (Volume 2: Short Papers)*, pp. 198～202 (2012).

168) 高村大也：言語処理のための機械学習入門, コロナ社 (2010).

169) 田中穂積：自然言語処理 –基礎と応用–, 電子情報通信学会 (1999).

170) 田中省作, 藤井宏, 冨浦洋一, 徳見道夫：NS/NNS 論文分類モデルに基づく日本人英語科学論文の特徴抽出, 英語コーパス研究, 13, pp. 75〜87 (2006).

171) 田中省作, 木村恵, 北尾謙治：言語処理技術を活用した柔軟性の高いスラッシュ・リーディング用教材作成支援システム, 外国語教育メディア学会第 46 回全国研究大会論文集, pp. 483〜492 (2006).

172) 田中省作, 冨浦洋一：スラッシュ・リーディング支援システムの構築, 言語処理学会第 10 回年次大会ワークショップ「e-Learning における自然言語処理」論文集, pp. 37〜40 (2004).

173) 田中省作, 行野顕正, 冨浦洋一, 北尾謙治, 木村恵：柔軟性の高いスラッシュ・リーディング用教材作成支援システム, 日本教育工学会第 22 回全国大会講演論文集, pp. 783〜784 (2006).

174) Tetreault, J., Foster, J. and Chodorow, M.: Using Parse Features for Preposition Selection and Error Detection, in *Proc. of 48nd Annual Meeting of the Association for Computational Linguistics Short Papers*, pp. 353〜358 (2010).

175) 徳永健伸：情報検索と言語処理, 東京大学出版会 (1999).

176) 塘優旗, 小町守：部分的アノテーションを利用した CRF による日本語学習者文の単語分割, 情報処理学会研究報告自然言語処理（NL）, No. 2 in 2015-NL-223, pp. 1〜9 (2015).

177) 投野由紀夫, 金子朝子, 杉浦正利, 和泉絵美：英語学習者コーパス活用ハンドブック, 大修館書店 (2013).

178) Turney, P. D.: Learning Algorithms for Keyphrase Extraction, *Information Retrieval*, **2**, 4, pp. 303〜336 (2000).

179) 内山将夫, 中篠清美, 山本英子, 井佐原均：英語教育のための分野特徴単語の選定尺度の比較, 自然言語処理, **11**, 3, pp. 165〜197 (2004).

180) Wu, Y. and Ng, H. T.: Grammatical Error Correction Using Integer Linear Programming, in *Proc. of the 51st Annual Meeting of the Association for Computational Linguistics (Volume 1: Long Papers)*, pp. 1456〜1465 (2013).

181) 安河内哲也：速読英語長文トレーニング Level2:, 旺文社 (2007).

182) Yeung, C. Y. and Lee, J.: Automatic Detection of Sentence Fragments, in *Proc. of the 53rd Annual Meeting of the Association for Computational Linguistics and the 7th International Joint Conference on Natural Language Processing (Volume 2: Short Papers)*, pp. 599〜603 (2015).

183) 田中良久：心理学的測定法, 東京大学出版会 (1999).

184) Yoshimoto, I., Kose, T., Mitsuzawa, K., Sakaguchi, K., Mizumoto, T., Hayashibe, Y., Komachi, M. and Matsumoto, Y.: NAIST at 2013 CoNLL Grammatical Error Correction Shared Task, in *Proc. of the 17th Conference on Computational Natural Language Learning: Shared Task*, pp. 26～33 (2013).

185) 行野顕正, 田中省作, 冨浦洋一, 柴田雅博：統計的アプローチによる英語スラッシュ・リーディング教材の自動生成, 情報処理学会論文誌, **48**, 1, pp. 365～374 (2007).

章末問題解答

1章

【1】 1.1 節を参照のこと。

【2】 〔解答例〕筆者の場合，英語の完了という概念を習得することが難しく，多くの時間を要したように思う。また，直接目的語と間接目的語の使い分けの習得も苦労した覚えがある。

【3】 〔解答例〕筆者の個人的経験であるが，英会話の練習の際に，教師がリアルタイムに適宜，言い直しをしてくれると記憶に残りやすく，学習の役に立つと感じる。一方で，英文中の単語をマウスオーバーすると意味を表示してくれるソフトウェアがあるが，それを使用して意味を知った単語は忘れやすい傾向にあるように思われる。

2章

【1】 解答略。

【2】 単語数は，tr と wc コマンドを組み合わせることで数えられる。一行一文形式のコーパスであれば，wc コマンドで文数も数えられる。詳細は，付録 A.1 を参照のこと。

【3】 例えば，tr コマンドを用いてコーパス中の言語データを単語に分割する（ただし，カンマを改行文字に置換しないことに注意）。その結果に対して，grep コマンドでカンマ直後にアルファベットが来ている（例：正規表現で “[A-Za-z],[A-Za-z]”）行を抜き出し，wc で数えることで求まる。

【4】 この問題もコマンドの組合せで解答可能である。総単語数は，tr と wc コマンドを組み合わせることで数えられる。また，異なり語数は，tr, sort, uniq, wc を組み合わせることで数えられる。詳細は，付録 A.1 を参照のこと。

【5】 10 個の単語のうち，誤りがあるとして両者のアノテーションが一致したのは 2 単語である。同様に，正しい単語での一致は 7 である。したがって，単純な一致率は $\dfrac{2+7}{10}=\dfrac{9}{10}$ である。一方，κ 統計量については，つぎのように求められる。作業者 A と B が，各単語を正しいと判断する割合はそれぞれ $\dfrac{7}{10}$ と $\dfrac{8}{10}$

である。したがって，正しいと偶然に一致する確率は，$\dfrac{7}{10} \times \dfrac{8}{10} = \dfrac{56}{100}$ である。同様に，誤りであると偶然に一致する確率は，$\dfrac{3}{10} \times \dfrac{2}{10} = \dfrac{6}{100}$ である。よって，偶然の一致率は $\dfrac{56}{100} + \dfrac{6}{100} = \dfrac{62}{100}$ である。この偶然の一致率を実際の一致率から差し引いて正規化すると $\dfrac{\frac{9}{10} - \frac{62}{100}}{1 - \frac{62}{100}} = \dfrac{14}{19}$ となる。これが κ 統計量になる。

【6】 綴り誤り “tuch” に “o” 一文字を加えると “touch” が得られるため編集距離は 1 である。同様に，“t” を “l” に置換し，“n” 一文字を加えることで “lunch” が得られるため編集距離は 2 である。

【7】 例えば，“strung”，“string”，“strange”，“sprang”，“strand”，“strong” などがある。

3 章

【1】 解答略。

【2】 解答略。

【3】 〔解答例〕UniDic 2.1.2 を形態素辞書とした MeCab 0.996 で解析した結果はつぎのとおりである：

```
ほうんとうにじょずじゃりません
ほう　　ホー　　ホウ　　ほう　　感動詞-一般
ん　　　ン　　　ンー　　んー　　感動詞-フィラー
とう　　トー　　トウ　　父　　　名詞-普通名詞-一般
に　　　ニ　　　ニ　　　に　　　助詞-格助詞
じょ　　ジョ　　ゾ　　　ぞ　　　助詞-終助詞
ず　　　ズ　　　ズ　　　ず　　　助動詞　助動詞-ヌ　　連用形-一般
じゃり　ジャリ　ジャリ　じゃり　副詞
ませ　　マセ　　マス　　ます　　助動詞　助動詞-マス　未然形-一般
ん　　　ン　　　ズ　　　ず　　　助動詞　助動詞-ヌ　　終止形-撥音便
EOS
```

同じく IPADic 2.7.0 を形態素辞書とした場合の結果はつぎのとおりである：

```
ほうんとうにじょずじゃりません。
ほうん　動詞,自立,*,*,五段・ラ行,未然特殊,ほうる,ホウン,ホーン
とうに　副詞,一般,*,*,*,*,とうに,トウニ,トーニ
```

じ　　　助動詞,*,*,*, 不変化型, 基本形, じ, ジ, ジ
ょずじゃりません　　名詞, 一般,*,*,*,*,*
。　　　記号, 句点,*,*,*,*,。,。,。
EOS

比較してわかるように，IPADic を用いた MeCab ではひらがな列を未知語として連結してしまう傾向があり，かつ助詞も正しく処理できないことが多い。

【4】〔解答例〕問題文は誤りを含む文であるが，表層形によって品詞を付けると

I/代名詞 went/動詞 to/前置詞 the/冠詞 see/動詞 .

となるが，文脈を考慮すると see は sea の誤りであると考えられ

I/代名詞 went/動詞 to/前置詞 the/冠詞 see/名詞 .

となり，不一致が起きる。このように誤りを含む文のアノテーションでは複数の情報を考慮する必要があり，XML など柔軟なアノテーションが可能な方法が用いられることが多い。

【5】解図 **3.1** のような構文木となる：

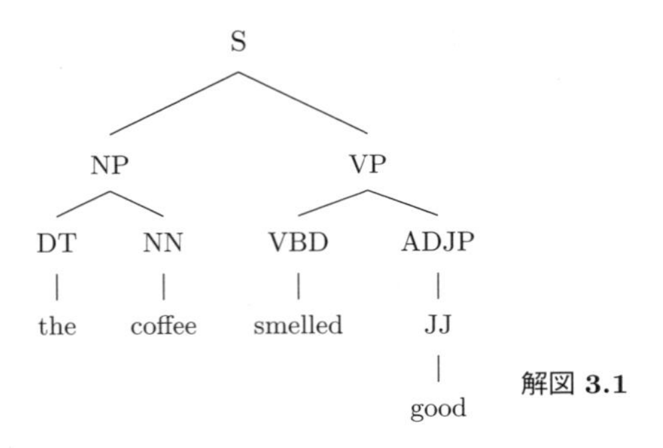

解図 **3.1**

4章

【1】BUD で表記された正解データを展開すると，つぎの正解候補文が得られる：

- I went fishing in the lake.
- I went fishing at the lake.
- I went fishing in the lake yesterday.
- I went fishing at the lake yesterday.

さらに，省略可能要素について 2^M 個の組合せがある。また，交換可能要素について N^L 個の組合せがある。したがって，正解候補文の数は $2^M N^L$ となる。

【2】解答略。

【３】〔解答例〕トークン分割の際に，各トークンの後ろに空白がいくつ存在しているか記憶しておけばよい。これは，Java のようなオブジェクト指向言語では，トークンに相当するクラスに，空白の個数というメンバ変数を用意することで実現できる。復元の際には，各トークンの後ろに，記憶しておいた数の空白を挿入すればよい。このアルゴリズムでは，入力文書のトークン数に比例した記憶容量が必要であるので，空間的計算量は $O(N)$ である。

別の方法として，トークンの位置と空白の数をペアにして記憶しておいてもよい。すなわち，最初から何番目のトークンかというインデックスとそのトークンの後ろの空白数をペアにして記憶しておくわけである。この場合，空白数 1 をデフォルトとすれば，空白数が 1 以外のトークンのインデックスと空白数を記憶しておけばよいので記憶容量を節約できる。ただし，すべてのトークンがデフォルト以外の空白数をもつ可能性があるため空間的計算量は $O(N)$ である。

以上が，空白復元のためのアルゴリズム例であるが，この問題は，文法誤り検出/訂正ではプログラミング言語に用意されている split や join などのメソッドをそのまま用いて，トークン分割/空白の復元ができないことを示唆する。

【４】$0 \leqq n_i \leqq N, f_i$ がつねに成り立つ。

【５】“cheese”，“chocolate”，“cake” の頻度は，それぞれ，2，1，5 である。文書頻度は，同じ順に，2，1，4 である。これより，IDF 値は，同じ順に，1，2，0 である。

自己相互情報量については

$$r(\text{“I”}, \text{“made”}) = \log \frac{\Pr(\text{“I”}, \text{“made”})}{\Pr(\text{“I”})\Pr(\text{“made”})} = \log \frac{\frac{1}{4}}{\frac{1}{4}\frac{1}{4}} = 2$$

$$r(\text{“cheese”}, \text{“cake”}) = \log \frac{\Pr(\text{“cheese”}, \text{“cake”})}{\Pr(\text{“cheese”})\Pr(\text{“cake”})} = \log \frac{\frac{2}{4}}{\frac{2}{4}\frac{4}{4}} = 0$$

となる。

【６】自己相互情報量の定義

$$r(w_i, w_j) = \log \frac{\Pr(w_i, w_j)}{\Pr(w_i)\Pr(w_j)}$$

より，$\dfrac{\Pr(w_i, w_j)}{\Pr(w_i)\Pr(w_j)} = 1$ のとき，自己相互情報量の値は 0 となる。言い換えれば，$\Pr(w_i, w_j) = \Pr(w_i)\Pr(w_j)$ ということである。これは，w_i と w_j が独立に生起することにほかならない。

【7】 評価データ中の誤りの数は2個である。そのうち，検出結果では1個が正しく検出されている。したがって，検出率 R は

$$R = \frac{1}{2}$$

である。また，検出結果では3個の誤りが検出されているので，検出精度 P は

$$P = \frac{1}{3}$$

である。これらの値を用いると

$$F_1 = \frac{2\frac{1}{2}\frac{1}{3}}{\frac{1}{2} + \frac{1}{3}} = \frac{2}{5}$$

となる。

5章

【1】 正解率 $= 18/20 = 0.9$，再現率 $= 2/2 = 1.0$，適合率 $= 2/4 = 0.5$，G 値 $= \dfrac{2 \times 0.9 \times 1.0}{0.9 + 1.0} = 0.947$。

【2】 〔解答例〕文部科学省の学年別漢字配当表によると「食」は2年生，「安」は3年生，「価」は5年生なので，例えば小学校4年生が読むことを想定すると，「安価」が難解語である。

一方，第二言語学習者が読むとすると，「食」は日本語能力試験5級，「安」は日本語能力試験4級，「価」は日本語能力試験1級の漢字であり，例えば日本語能力試験2級をもっている留学生が読むことを想定すると「安価」が難解語である。また，これ以外に「マクドナルド」のような翻字（transliteration），「たっぷり」のような擬態語・擬声語の習得も日本語非母語話者には困難であり，これらも難解語になりうる。

【3】 〔解答例〕

システムと人間で共通する言い換え　簡単, 意味

人間が言い換えた語　難解, な, 平易, 同義, 変換, する

システムが言い換えた語　難解, 平易, 同義

より，言い換え率 $= 2/6$，言い換え精度 $= 2/3$。

【4】 〔解答例〕いずれの文も文法性の観点では問題がないが，システムの出力文は「困難」「変換する」といった表現を平易にできていないため，平易さの観点から問題がある。一方，人間の言い換えは「同義」を「意味」に言い換えてしまっ

ているので，意味の保持の観点から問題がある。上記の点を考慮すると，例えばつぎのようになる：

システムの言い換え：　平易さ = 3，文法性 = 5，意味の保持 = 5

人間の言い換え：　平易さ = 5，文法性 = 5，意味の保持 = 4

なお，人間の言い換えが必ずしも一意に定まるものではなく，人によって異なった言い換え結果となりうることに注意されたい。

【5】〔解答例〕通常文と平易文で，主語と動詞が一致しており，二つの名詞句が and で並列の関係にあるので，その二つを抜き出せばよい。したがって，“the use or close imitation of the language and thoughts of another author” → “the representation of them as one’s own original work” と “copying another person’s ideas, words or writing” → “pretending that the are one’s own work” が得られる。

6 章

【1】N N N S N N N N S N N N S となる。もしくは，トークンと共に表記して，“This:N is:N the:N malt:S that:N lay:N in:N the:N house:S that:N Jack:N built:N . :S” でもよい。

【2】挿入率は，$\frac{2}{2}$ である。また，挿入精度は，$\frac{2}{3}$ である。

【3】〔解答例〕“conduct” を例えばウィズダム英和辞典・ウィズダム和英辞典[†]を用いて引くと以下の単語が見つかる。

(1)　～を行う，進める，管理（運営）する; ～を経営する

(2)　～を指揮する

(3)　身を処する，ふるまう; ～を送る

(4)　～を伝導する

(5)　～を案内する，導く，連れて回る

これをさらに英訳すると以下の単語が見つかる。

(1)　do, act, hold, give, perform, carry ... out; advance, move ... forward, urge ... on, move, advance, further, speed ... up, go on, go ahead; manage, administer, control, supervise; manage, operate, run; run, keep, manage

(2)　command, direct, conduct

(3)　behave, conduct oneself, act; send, dispatch, ship, mail, post, remit, signal, see, drive, escort, see ... off, spend, pass, live, lead

† Mac の標準の「辞書（バージョン 2.2.1)」。

(4) conduct, transit

(5) show, guide, lead, take; guide, lead, show, conduct, teach

ここから二つ選ぶと，例えば “behave”，“transmit” となる。

【4】〔解答例〕WordNet 3.0 によると conduct は以下の六つの synset に入っている。

- conduct, carry on, deal (direct the course of; manage or control)
- conduct, lead, direct (lead, as in the performance of a composition)
- behave, acquit, bear, deport, conduct, comport, carry (behave in a certain manner)
- lead, take, direct, conduct, guide (take somebody somewhere)
- impart, conduct, transmit, convey, carry, channel (transmit or serve as the medium for transmission)
- conduct (lead musicians in the performance of)

問題文では 1 番目の語義で使われているため，この語義と兄弟関係にある単語を選べばよい。再度 WordNet を引くと，兄弟関係にある synset は以下のように得られる。

- administer, administrate (work in an administrative capacity; supervise or be in charge of)
- organize, organise (cause to be structured or ordered or operating according to some principle or idea)
- work (cause to operate or function)
- come to grips, get to grips (deal with (a problem or a subject))
- dispose of (deal with or settle)
- take care, mind (be in charge of or deal with)
- coordinate (bring into common action, movement, or condition)
- juggle (deal with simultaneously)
- process (deal with in a routine way)
- mismanage, mishandle, misconduct (manage badly or incompetently)
- direct (be in charge of)
- conduct, carry on, deal (direct the course of; manage or control)
- touch (deal with; usually used with a form of negation)

ここから二つ選ぶと，例えば “juggle”，“touch” となる。

【5】〔解答例〕ラウンドトリップ機械翻訳に基づいた手法では，母語干渉を考慮し

て不正解語を生成できる。シソーラスに基づいた手法は，意味的に関連が深い不正解語を得ることができる。

7章

【1】 通常，人間の採点者が二人必要なところ，100α%のエッセイについては採点者が一人に減らせる。残りの $100(1-\alpha)$%については，通常どおり二人の採点となる。以上をまとめると，$\alpha + 2(1-\alpha)$ がエッセイ一つ当りに必要となる採点者の数（期待値）となる。自動採点を用いない場合の採点者の数 2 との比をとると

$$\frac{\alpha + 2(1-\alpha)}{2} = \frac{2-\alpha}{2} \tag{1}$$

となる。ここから削減率を求めると

$$1 - \frac{2-\alpha}{2} = \frac{\alpha}{2} \tag{2}$$

となる。これを $0 \leqq \alpha \leqq 1$ の範囲でグラフに図示すればよい。また，式 (1) に $\alpha = 0.97$ を代入することで本文の結果が確かめられる。

【2】 訓練データの数値を式 (7.6) に代入するすると

$$\begin{aligned} w &= \frac{100+400+900+1\,600+2\,500+3\,600}{10\,000+40\,000+90\,000+160\,000+250\,000+360\,000} \\ &= 0.01 \end{aligned}$$

が確かめられる。

【3】 式 (7.9) を用いると

$$c(\text{informations}) = \frac{500 \times 9\,900 - 4\,500 \times 100}{\sqrt{(500+100)(9\,900+4\,500)}} \fallingdotseq 1\,530.9$$

となる。

【4】 〔解答例〕例えば，対象文書中の文字 n–gram の相対頻度を利用できる。なぜなら，言語により綴りの規則が異なり，その際が英語の綴りに干渉するためである。例えば，スペイン語を母語とする人の英語では，本来同じ文字が繰り返されるべきところ（例 “a<u>pp</u>ear” や “nece<u>ss</u>ary” など）が，誤って一文字で書かかれる傾向がある（“apear” や “necesary”）。したがって，“pp” や “ss” の相対頻度が相対的に低くなると予想される。

【5】 式 (7.14) より

$$d(M_2 \to M_1) = \frac{1}{|D_1|} \log \frac{\Pr(D_1|M_2)}{\Pr(D_1|M_2)}$$

より

$$d(M_2 \to M_1) = \frac{1}{4}(-2.3 + 3.9) = 0.4$$

と計算できる。

索　　引

—— 監修者・著者略歴 ——

奥村　学（おくむら　まなぶ）
1984年　東京工業大学工学部情報工学科卒業
1989年　東京工業大学大学院博士課程修了（情報工学専攻）
　　　　工学博士
1989年　東京工業大学助手
1992年　北陸先端科学技術大学院大学助教授
2000年　東京工業大学助教授
2007年　東京工業大学准教授
2009年　東京工業大学教授
　　　　現在に至る

永田　亮（ながた　りょう）
2000年　明治大学理工学部電気工学科卒業
2002年　三重大学大学院博士前期課程修了（情報工学専攻）
2005年　三重大学大学院博士後期課程修了（システム工学専攻）
　　　　博士（工学）（三重大学）
2005年　兵庫教育大学助手
2007年　兵庫教育大学助教
2008年　甲南大学講師
2012年　甲南大学准教授
2017年　理化学研究所客員研究員兼任
　　　　現在に至る

語学学習支援のための言語処理
Natural Language Processing for Language Learning Assistance

2017年11月10日　初版第1刷発行

検印省略

監修者　奥　村　　学
著　者　永　田　　亮
発行者　株式会社　コロナ社
　　　　代表者　牛来真也
印刷所　三美印刷株式会社
製本所　有限会社　愛千製本所

112–0011　東京都文京区千石 4–46–10
発行所　株式会社　コロナ社
CORONA PUBLISHING CO., LTD.
Tokyo Japan
振替 00140–8–14844・電話(03)3941–3131(代)
ホームページ　http://www.coronasha.co.jp

ISBN 978–4–339–02761–7　C3355　Printed in Japan　(金)